U0171082

行星地球

XINGXING DIQIU

青少科普编委会 编著

吉林出版集团
Jilin Publishing Group

吉林科学技术出版社
JiLin Science&Technology Publishing House

图书在版编目（CIP）数据

行星地球/青少科普编委会编著. —长春：吉林
科学技术出版社，2012.1
　ISBN 978-7-5384-5562-5

　Ⅰ.①行… Ⅱ.①青… Ⅲ.①地球－青年读物②地球
－少年读物 Ⅳ.①P183-49

中国版本图书馆CIP数据核字（2011）第277225号

 行星地球

编　　著　青少科普编委会
出 版 人　张瑛琳
特约编辑　怀　雷　刘淑艳　仲秋红
责任编辑　赵　鹏　潘竞翔
封面插画　长春茗尊平面设计有限公司
封面设计　长春茗尊平面设计有限公司
制　　版　长春茗尊平面设计有限公司
开　　本　710×1000　1/16
字　　数　150千字
印　　张　10
印　　数　133901–143900册
版　　次　2012年3月第1版
印　　次　2017年1月第22次印刷

出　　版　吉林出版集团
　　　　　吉林科学技术出版社
发　　行　吉林科学技术出版社
地　　址　长春市人民大街4646号
邮　　编　130021
发行部电话／传真　0431-85635177　85651759　85651628
　　　　　　　　　　85677817　85600611　85670016
储运部电话　0431-84612872
编辑部电话　0431-85630195
网　　址　http://www.jlstp.com
印　　刷　长春新华印刷集团有限公司

书　　号　ISBN 978-7-5384-5562-5
定　　价　16.80元

前言 QIANYAN

　　地球是一颗蔚蓝色的美丽星球，雄伟挺拔的山脉、蜿蜒曲折的河流、辽阔富饶的平原、星罗棋布的湖泊、千姿百态的丘陵都是地球上美丽的自然景观。风霜雨雪、四季交替，不断变化的气候让地球变得更加丰富多彩。

　　本书从五个方面，利用通俗易懂的文字和精美的图片，向读者介绍地球的知识，增加读者对我们生活的家园的了解。

目录 MULU

地球奥秘

地球是茫茫宇宙中一颗普通的行星，它从诞生至今已经有46亿年的历史了。如今，地球是人类共同的家园，它构造复杂，拥有美丽的自然风光和丰富的物产，到处都呈现出一片生机勃勃的景象。在漫长的历史时期中，地球到底经历怎样的变化呢？

地球的诞生

我们常常亲切地称地球为母亲，因为它是孕育生命的摇篮。在几十亿年以前，地球还只是气体和宇宙中的尘埃。慢慢地，尘埃聚集成固体，又经过几十亿年的时间，地球才诞生了。

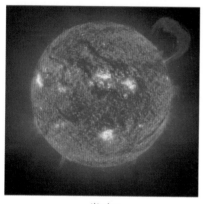

▲ 太阳

太阳的形成

科学家告诉我们，大约在50亿年前，宇宙中充满着气体和尘埃。后来，一部分气体和尘埃聚集在一起，于是就形成了太阳。

最初的"火球"

大约在46亿年前，遗散在太阳周围的气体和尘埃不断地旋转收缩，形成了一个炽热、熔融的"火球"。它渐渐地冷却，表面结成了一层由岩石组成的外壳，这就是最初的原始地球。

小知识

地球常被称为"水球"，这是因为地球表面有2/3面积都被海水覆盖着。

不断"成长"

▲ 小天体又不断撞击地球

由于原始地球的地壳较薄，小天体又不断撞击，造成地球内部熔岩不断上涌，地震与火山喷发随处可见。到了距今约25亿年至5亿年的远古代，大片相连的陆地出现了，地球就形成了。

美丽的星球

如今，地球的表面覆盖着大陆和海洋。大陆由山脉、河流、草原、森林、沙漠等组成。海洋的底部包含着和大陆一样的自然形态。各种各样的生命在地球上生存着。

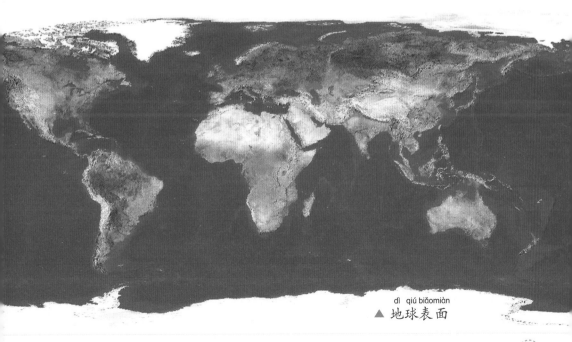

▲ 地球表面

地球的内部

地球的内部状况我们无法直接观察。但是，科学家通过研究地震波、火山爆发来探究地球内部的秘密。地球的外层是地壳，紧接着向里分别为地幔和地核，它们就像鸡蛋的蛋壳、蛋清和蛋黄。

地壳

地球最外面的一层岩石薄壳称为地壳。高山、高原地区的地壳厚，像我国青藏高原的地壳厚度可达65千米以上。平原、盆地的地壳相对薄，而深藏于海底的大洋地壳则远比大陆地壳薄，厚度可能只有几千米。

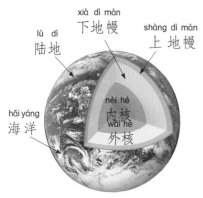

▲ 地球主要由地壳、地幔和地核三部分组成

地幔

地壳下面是地球的中间层，叫做"地幔"，厚度约2900千米，它是地球内部体积最大、质量最大的一层。地幔可分成上地幔和下地幔两部分。上地幔是地球岩浆的发源地，也称做"软流圈"。

地核
dì hé

地球的中心部分为地核，它又分为外核
和内核。其中，外核的厚度约为 2300 千米，
内核直径约为 2400 千米。据推测，外核可能
是液态物质，温度在 3700℃ 以上，而内核的
温度可达到 4000℃~4500℃，因为它的压力极
高，所以是固态物质。

小知识

我们人类都生活在地球的表层——地壳上。

滚烫的岩浆
gǔn tàng de yán jiāng

地球内部的温度非常高，它能将岩石熔化，形成滚烫的岩
浆。当岩浆聚集到离地表较近的地方时，由于地球内部巨大的作
用力，岩浆就会喷发出来。

▼ 岩浆
yán jiāng

地球不动吗
dì qiú bù dòng ma

地球并不是静止不动的，它每天都在不停地自西向东旋转着，同时绕着太阳公转，所以地球上才有了昼夜的更替和春夏秋冬四季的变化，我们的生活才变得更加丰富多彩。

地球的自转
dì qiú de zì zhuàn

地球不停地自西向东自转，自转一周需要23.93小时。地球自转的时候，面对太阳的半球是明亮的白昼，背对太阳的另一个半球是黑夜，这样，地球上就有了不断交替的白昼与黑夜。

绕地轴运转
rào dì zhóu yùn zhuàn

地球自转是按照一根假想的轴进行运转的，我们把它称为地轴，在地球仪上我们可以看到，地轴通过地球中心，并连接着南极和北极。

▼夜晚
yè wǎn

12

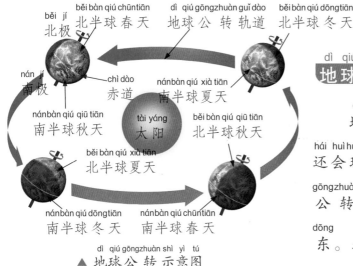

北极 bèi jí
北半球春天 běi bàn qiú chūn tiān
地球公转轨道 dì qiú gōng zhuǎn guǐ dào
北半球冬天 běi bàn qiú dōng tiān
南极 nán jí
赤道 chì dào
南半球夏天 nán bàn qiú xià tiān
南半球秋天 nán bàn qiú qiū tiān
太阳 tài yáng
北半球秋天 běi bàn qiú qiū tiān
北半球夏天 běi bàn qiú xià tiān
南半球冬天 nán bàn qiú dōng tiān
南半球春天 nán bàn qiú chūn tiān

▲ 地球公转示意图
dì qiú gōng zhuǎn shì yì tú

地球的公转
dì qiú de gōngzhuàn

dì qiú chú le zì zhuàn yǐ wài
地球除了自转以外，
hái huì huán rào tài yáng gōngzhuàn dì qiú
还会环绕太阳公转，地球
gōngzhuàn de fāngxiàng yě shì zì xī xiàng
公转的方向也是自西向
dōng dì qiú gōngzhuàn yì zhōu xū yào
东。地球公转一周需要
gè dì qiú rì gōngzhuàn yì
365.25 个地球日，公转一
zhōu jiù shì yí gè dì qiú nián
周就是一个地球年。

四季更替
sì jì gēng tì

zài dì qiú rào tài yáng xuánzhuǎn de guòchéngzhōng běi bàn qiú hé nán bàn qiú xiān hòu cháo tài yángqīng
在地球绕太阳旋转的过程中，北半球和南半球先后朝太阳倾
xié yú shì dì qiú shang chū xiàn le sì jì gēng tì de xiànxiàng yì nián zhī nèi tài yángzhàoshè diǎn zài
斜，于是地球上出现了四季更替的现象。一年之内，太阳照射点在
nán běi huí guī xiàn zhī jiān yí dòng yuè fèn běi bàn qiú shì qiū tiān nán bàn qiú shì chūn tiān
南、北回归线之间移动，9月份，北半球是秋天，南半球是春天。

农历的诞生
nóng lì de dànshēng

小知识
dì qiú gōng zhuàn yī
地球公转一
zhōu suǒ xū yào de shí jiān
周所需要的时间
wéi rì shí fēn
为365日6时9分
miǎo
10秒。

wǒ guó de nóng lì shì gēn jù sì jì de biànhuà yóu gǔ
我国的农历是根据四季的变化，由古
dài láo dòng rén mín guānchá tiān qì de biànhuàn guī lǜ zǒng jié chū lái
代劳动人民观察天气的变换规律总结出来
de lì fǎ de xíngchéng wèi nóng yè shēngchǎn dài lái le biàn lì
的。历法的形成为农业生产带来了便利，
shén me shí hou gāi zhòng zhí shén me shí hou gāi shōuhuò dōu kě
什么时候该种植，什么时候该收获，都可
yǐ cóng lì fǎ shang zhǎo dào duì yīng de shí jié
以从历法上找到对应的时节。

dì qiú jǐ suì le
地球几岁了

wǒ men lài yǐ shēng cún de dì qiú yǒu yī bù màn cháng de yǎn biàn lì shǐ dì qiú zài xíng chéng
我们赖以生存的地球有一部漫长的演变历史。地球在形成
yǐ hòu hái zài bù duàn de yùn dòng biàn huà hé fā zhǎn zhe kē xué jiā men yán jiū fā xiàn dì
以后还在不断地运动、变化和发展着，科学家们研究发现，地
qiú zhì shǎo yǒu yì suì le mù qián zhèng chǔ zài shēng jī bó bó de qīng nián shí qī
球至少有46亿岁了，目前正处在生机勃勃的青年时期。

shí tou dà shū
"石头大书"

dì qiú de yuán shǐ dì qiào shang fù gài zhe céng céng dié dié de yán céng zhè jiù xiàng yī bù shí
地球的原始地壳上覆盖着层层叠叠的岩层，这就像一部"石
tou dà shū jì lù zhe dì qiú jǐ shí yì nián yǎn biàn fā zhǎn de lì shǐ dì céng zhōng de yán shí hé
头大书"记录着地球几十亿年演变发展的历史，地层中的岩石和
huà shí jiù xiàng zhè běn shū zhōng de wén zi rén men yòng xiàn dài kē xué de fāng fǎ duì gǔ lǎo yán shí jìn
化石就像这本书中的文字。人们用现代科学的方法对古老岩石进
xíng cè dìng zhī dào dì qiú yǐ jīng yì suì le
行测定，知道地球已经46亿岁了。

nán fēi dì chù fēi zhōu gāo yuán de zuì nán duān nán dōng xī sān miàn de biān yuán dì qū wéi yán hǎi dī dì běi
▲ 南非地处非洲高原的最南端，南、东、西三面的边缘地区为沿海低地，北
miàn zé yǒu chóng shān huán bào gǔ lǎo de shān mài dōu shì dì qiú chéng zhǎng de jiàn zhèng
面则有重山环抱，古老的山脉都是地球成长的见证

生命黄金期

地球大概是在46亿年前形成的，相对于人的年龄来说，地球已经是老得不能再老了，但是从整个宇宙的发展史来说，地球这个宇宙里小小的成员，还正处在生命黄金期的"青年"时期。

小知识

地球也有自己的"童年"、"青壮年"，未来的地球也必将走向衰亡。

漫长的演变

▼ 距今38亿年至35亿年，地球上出现了能进行光合作用的蓝藻

在地球诞生的46亿年中，有40亿年地球上是无生命的，这个时代被称为太古代和远古代。出现生命后的6亿年分为古生代、中生代和新生代。

地球的见证者

在地球诞生的40多亿年时间里，地球上衍生出了各种各样的生命，经过漫长的自然选择，其中的大多数都灭绝了，但我们仍能从某些岩层中保留下来的化石中探寻到它们的遗迹。

▲ 三叶虫化石

重要的地球时间

我们生活中说的时间准确地说,应该叫时刻。地球不停地处于自转和公转中,因此地球上的时间不是一成不变的,各国各地区的时间也不会是一致的,但却具有规律性。

东边早于西边

地球总是自西向东自转的,因此东边见到太阳总是比西边早,东边的时间也快于西边。东边时刻与西边时刻的差值不仅要以时计,而且还要以分和秒来计算,这给人们的日常 生活和工作都带来了许多的不便。

▼ 日出

古代计时
gǔ dài jì shí

古时候，人类主要是利用天文现象和流动物质的连续运动来计时的，如我国古人总结的"十二时辰"。人们把一昼夜划分为了十二个时段，每一个时段叫一个时辰。后来又出现了沙漏和漏壶等计时工具。

► 沙漏
shā lòu

▲ 由于地球不停地自转，地球上同一时间不同的地方就会产生时差

时差
shí chā

世界各个国家位于地球不同位置上，因此不同国家的日出、日落时间必定有所差异。这些差异就是所谓的时差。

时区的诞生
shí qū de dànshēng

为了避免时间上的混乱，1884年在国际经度会议上将全球划分为了24个时区，每个时区横跨经度15°，时间正好是一小时。

kàn bù jiàn de dì cí chǎng
看不见的地磁场

我们生存的地球就像一块巨大的磁铁，在它的周围存在着看不见的磁场，我们把它叫做"地磁场"。地磁有南北两极，赤道附近磁场弱，两极附近磁场强。

小知识

地磁场的变化能影响无线电波的传播。

cí shí
磁石

磁石是一种磁铁矿石，它具有很强的磁性，能吸引铁或钢等物体。因此古人把磁石比喻为"慈母"，后人则叫它为"吸铁石"或"磁铁"。磁铁有非常广泛的用途。

shén qí de sī nán
神奇的"司南"

大约在2300多年前，我国古人发现磁石有指向南北的特性，并利用磁石制成了一种叫"司南"的工具。司南的形状像一个汤匙，把它放在大铜盘上，它的柄就会指向南方，它是世界上最早的指示方向的工具。

▲ 司南

地球的保护伞

如果没有地磁场，来自太阳的强烈射线就会直接照射在地球上，所有的生命也将无法生存。所以，地球磁场虽然看不见，但是却保护着地球上的生命，使他们免受宇宙辐射成为地球保护伞。

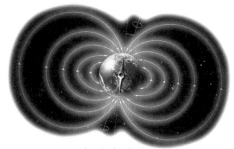

▲ 地球磁场

指南针

指南针的磁针能指向南方，是因为地球具有磁性。在地球两极附近各有一处磁力特别强大的地点，分别叫做地磁南极和地磁北极。从地磁发出强大的磁力，把磁针引向它所在的方向。

▼ 指南针

shén qí de dà qì céng
神奇的大气层

地球的外面聚集了厚厚的一层大气，它没有颜色和气味，既看不见又摸不着，就像地球的"外衣"，保护着地球的"体温"，使地球上的万物免受来自宇宙的侵害，我们人类就生活在大气层中。

shén me shì dà qì céng
什么是大气层

大气层又叫做大气圈，它的成分主要有氮气和氧气，另外还有少量的二氧化碳、稀有气体和水蒸气。大气层的厚度大约在1000千米以上，但是没有明显的界限。

散逸层
暖层
中间层
平流层
对流层

dà qì céng shì yì tú
▲ 大气层示意图

dà qì fēn céng
大气分层

大气层的空气密度随着高度而减小，高度越高空气则越稀薄。根据大气的温度、密度等物理性质在垂直方向上的差异，大气层自地面向上可以分为对流层、平流层、中间层、暖层和散逸层五部分。

yǎng
氧

dàn
氮

yà
氩

èr yǎnghuà tàn
二氧化碳

qí tā qì tǐ
其他气体

与地球 "亲密无间"
yǔ dì qiú qīn mì wú jiàn

yīn wèi dì qiú duì dà qì céng
因为地球对大气层

yǒu zhe jù dà de xī yǐn lì suǒ
有着巨大的吸引力，所

yǐ dà qì céng cái néng jǐn jǐn de huán
以大气层才能紧紧地环

rào dì qiú rú guǒ yǔ háng yuán xiǎng
绕地球。如果宇航员想

yào lí kāi dì qiú qù tài kōng tàn suǒ
要离开地球去太空探索，

jiù bì xū kè fú dì qiú de yǐn lì
就必须克服地球的引力。

地球的 "外衣"
dì qiú de wài yī

dì qiú xī shōu le tài yáng guāng hòu zài jiāng qí zhōng
地球吸收了太阳光后，再将其中

de yī bù fen rè liàng shì fàng dào kōng qì zhōng zhè xiē rè liàng
的一部分热量释放到空气中，这些热量

yòu bèi dà qì céng zhōng de shuǐ zhēng qì hé yún jié liú zhù
又被大气层中的水蒸气和云截留住，

chóng xīn fǎn huí dào dì qiú shang dà qì céng jiù xiàng zhào zài
重新返回到地球上。大气层就像罩在

dì qiú shang de yī ge jù dà wài yī shǐ dì qiú biàn
地球上的一个巨大 "外衣"，使地球变

de wēn nuǎn shū shì
得温暖、舒适。

小知识

píng liú céng hěn shǎo fā
平流层很少发

shēng tiān qì biàn huà shí fēn
生天气变化，十分

shì hé fēi jī de háng xíng
适合飞机的航行。

dà qì zhōng de qì tǐ sàn shè lán
▼大气中的气体散射蓝

guāng yīn cǐ cóng tài kōng zhōng kàn jiàn de
光，因此从太空中看见的

dì qiú huì chū xiàn lán sè de guāng yùn
地球会出现蓝色的光晕

21

wèi xīng yuè qiú
卫星月球

在宇宙中，除了地球之外还有千千万万个星球，它们也像地球一样在不停地运动着。在这众多的星球中间，有一个特殊的星球在围绕着地球运行，它就是地球的卫星——月球，俗称月亮。

méi yǒushēngmìng de xīng qiú
没有生命的星球

月球上没有空气和水，因此不会产生风、云、雨、雪等气象现象，月面上温度变化剧烈等，这些条件都不适合生命的生存，所以，月球是一个没有生命的星球。

▲ 美国宇航员登陆月球时的情景

▲ 月球的背面，也分布着高原、山脉和"海"。

月球的表面

月球上有成千上万个环形山，有幽深、狭窄而弯曲的月谷，还有叫做"海"的干枯的大平原，传说中的嫦娥、吴刚、玉兔、桂树，其实都是不同大小、不同形状的"月海"而已。

温差大

月球表面上温度变化剧烈，白天可达到127℃，夜间则降到−185℃。月球上没有大气层保暖，没有海洋调节温度，所以白天和黑夜的温度差别非常大。

▲ 满月

月亮的圆缺

月球绕地球公转时，它和地球、太阳的相对位置也在不断变化，月球被太阳光照亮的半面以不同的角度对着地球，因此，从地球上看，月球的形状也就有了圆缺的变化。

小知识

1969年，美国宇航员阿姆斯特朗与奥尔德林成功登上月球表面。

hán lěng de jí dì
寒冷的极地

地球上的极地指的是南极和北极，它们分别是地球南北的两个端点，这里的气候、环境十分恶劣，所以人迹罕至。但极地的气候对整个地球的环境有着重要的影响，所以人类一直积极地对这片土地进行探索。

zuì lěng de dà lù
最冷的大陆

南极是一个被大洋环绕的大陆，它位于地球的最南端，享有"世界冷极""世界风极"和"世界旱极"的极端称号。南极拥有着世界上最大的冰盖，它终日散发着寒气。南极所在的南极洲还是全球最冷的大陆。

nán jí dà lù
▲ 南极大陆

qǐ é shì nán jí de xiàngzhēng
▼ 企鹅是南极的象征

企鹅的家园
qǐ é de jiā yuán

小知识

极昼和极夜
jí zhòu hé jí yè
是极地特有的自然
shì jí dì tè yǒu de zì rán
现象。
xiàn xiàng

因为特有的气候，所以南极境内没有一个国家，也不属于任何一个国家。但这里是可爱的企鹅生存的家园。在南极附近的海洋里还蕴藏着丰富的海洋生物和矿产资源。

北极地区
bèi jí dì qū

北极是一个被大陆围绕的海洋盆地，它位于地球的最北端。和南极不同的是，北极地区有着大片的水域，温度比南极暖和一些，因此许多生物都可以在这里生存。

▲ 北极熊是北极的代表动物

神奇的极光
shén qí de jí guāng

在地球南北两极附近地区的高空，夜间常会出现灿烂美丽的光束，这就是极光，它是一种神奇的自然现象。

◀ 极光

大地在动哦
dà dì zài dòng ò

在地球仪上，我们可以观察到地球的表面是水陆相间的。然而在很久以前，地球上所有的大陆都是连在一起的。后来随着地球的一系列变化，这些连在一起的大陆才逐渐分离，形成了今天的大陆和大洋。

偶然的发现

20世纪初，德国地球物理学家魏格纳在看世界地图时，惊讶地发现了南美洲大陆和非洲大陆边缘形态正好可以拼接起来，他于1912年提出了大陆漂移的假说。

▶ 地球板块时刻都在运动着

大陆漂移说

大陆漂移说认为地球上所有的大陆曾经像拼图般连接在一起，后来才逐渐漂移分离。这一学说遭到了当时许多人的反对，40多年后，大陆漂移说才被公认。

láo yà gǔ lù hé
劳亚古陆和
gāng wǎ nà gǔ lù
冈瓦纳古陆

yì nián qián   dà xī yáng fēn liè chū lái
2亿年前，大西洋分裂出来

dà yuē zài   yì nián qián lián
大约在1.35亿年前，联
hé gǔ lù kāi shǐ fēn liè
合古陆开始分裂

wàn nián qián   dà xī
1 000万年前，大西
yáng kuò dà le xǔ duō   dì
洋扩大了许多，地
qiú shang de jǐ dà zhōu chū
球上的几大洲初
bù xíng chéng
步形成。

dà lù piāo yí
▲ 大陆漂移

六大板块
liù dà bǎn kuài

dì biǎo shì yóu jǐ kuài dà xíng de bǎn kuài zǔ chéng de   dì qiào xià de dì màn piāo yí shí dài dòng
地表是由几块大型的板块组成的。地壳下的地幔漂移时带动

zhe bǎn kuài   dà lù yě jiù gēn zhe yì qǐ yí dòng le   rú jīn   kē xué jiā men jiāng quán shì jiè huà
着板块，大陆也就跟着一起移动了。如今，科学家们将全世界划

fēn wéi liù dà bǎn kuài   tā men fēn bié shì tài píng yáng bǎn kuài   yà ōu bǎn kuài   yìn dù yáng bǎn kuài
分为六大板块，它们分别是太平洋板块、亚欧板块、印度洋板块、

fēi zhōu bǎn kuài   měi zhōu bǎn kuài hé nán jí zhōu bǎn kuài
非洲板块、美洲板块和南极洲板块。

重要影响
zhòng yào yǐng xiǎng

小知识
gè dà bǎn kuài zhī jiān
各大板块之间
shì zuì róng yì fā shēng huǒ shān
是最容易发生火山
bào fā dì zhèn de dì fāng
爆发、地震的地方。

bǎn kuài yùn dòng duì dì qiú de yǐng xiǎng fēi cháng dà   dāng liǎng gè
板块运动对地球的影响非常大：当两个

bǎn kuài zhú jiàn fēn lí shí   zài fēn lí chù jiù huì chū xiàn xīn de āo dì
板块逐渐分离时，在分离处就会出现新的凹地

hé hǎi yáng   dāng liǎng gè dà bǎn kuài xiāng hù kào lǒng bìng fā shēng pèng zhuàng
和海洋；当两个大板块相互靠拢并发生碰撞

shí   jiù huì zài pèng zhuàng hé lǒng de dì fāng jǐ yā chū gāo dà xiǎn jùn
时，就会在碰撞合拢的地方挤压出高大险峻

de shān mài
的山脉。

bù tóng de tǔ rǎng
不同的土壤

地球上最初是没有土壤的，到处都是岩石。这些岩石经过长期的风吹日晒，水气侵蚀，渐渐开始破裂，形成了沙土。后来随着时间的推移，这些沙土就逐渐变成了我们今天所看到的土壤。

cóng yán shí dào tǔ rǎng
从岩石到土壤

岩石因为受到太阳照射而裂开，下雨的时候，雨水顺着裂缝进入岩石，夜晚降温后，岩石中的水冻结成冰，把岩石撑裂开。持续不断的风吹日晒使岩石变得越来越小，最后成为土壤。

tǔ rǎng de xíngchéng
土壤的形成

小知识

对土壤增加营养叫做施肥，施肥后的土壤更肥沃。

土壤是由腐烂的动植物残骸和受气候影响崩落的岩石形成的。植物和岩石碎块分解时，会释放出植物生长必须的养分，释放出的养分越多，土壤越肥沃。

肥沃的黑土

hēi tǔ shì zhǐ yǒu jī wù hánliàng fēi chánggāo
黑土是指有机物含量非常高

de yī zhǒng tǔ rǎng tā tè bié yǒu lì yú shuǐdào
的一种土壤，它特别有利于水稻、

xiǎo mài dà dòu yù mǐ děngnóngzuò wù de shēng
小麦、大豆、玉米等农作物的生

zhǎng wǒ guó de dōng běi píngyuán jiù shì yǐ féi wò
长。我国的东北平原就是以肥沃

de hēi tǔ ér zhùchēng
的黑土而著称。

hēi tǔ
▲ 黑土

土壤的成分

tǔ rǎng lǐ bìng bù zhǐ shì shā zi hé ní
土壤里并不只是沙子和泥

tǔ hái hán yǒu xǔ duōzhǒng lèi de shēng wù
土，还含有许多种类的生物，

bǐ rú xì jūn zǎo lèi jié zhī dòng wù hé
比如细菌、藻类、节肢动物和

yī xiē dōngmián de dòng wù qiū yǐn zài tǔ rǎng
一些冬眠的动物。蚯蚓在土壤

zhōng rú dòng néngràng tǔ rǎng xī shōugèngduō de
中蠕动，能让土壤吸收更多的

kōng qì cóng ér zēng jiā le tǔ rǎng de féi lì
空气，从而增加了土壤的肥力。

cháo shī de tǔ rǎngzhōng huì yǒu qiū yǐn
▲ 潮湿的土壤中会有蚯蚓

植物"偏爱"的土壤

gè zhǒng zhí wù duì tǔ rǎng de xǐ hào yě bù tóng bǐ rú xiān rén zhǎng xǐ huan zài gān hàn de
各种植物对土壤的喜好也不同，比如，仙人掌喜欢在干旱的

tǔ rǎngshèn zhì shā zhì tǔ rǎngzhōngshēngcún guī bèi zhú zé xǐ huancháo shī de tǔ rǎng bō luó duì
土壤甚至沙质土壤中生存；龟背竹则喜欢潮湿的土壤。菠萝对

tǔ rǎng shì yīngxìngguǎng xǐ shūsōng pái shuǐliánghǎo fù hán yǒu jī zhì de shā zhì tǔ rǎnghuòshān
土壤适应性广，喜疏松、排水良好、富含有机质的沙质土壤或山

dì hóngrǎng lěngshānwéi nài yìn xìng hěnqiáng de shùzhǒng xǐ huanzhōngxìng jí wēisuānxìng tǔ rǎng
地红壤；冷杉为耐荫性很强的树种，喜欢中性及微酸性土壤。

陆地奇观

在地球表面,陆地占据了 1/3 的表面积。在陆地上,有郁郁葱葱的草原和森林、有荒无人烟的大沙漠、有雄伟险峻的高山、有蜿蜒曲折的河流、有神秘幽深的峡谷、有物产丰富的平原……它们共同构成了陆地上的地理奇观。

地球的面貌
dì qiú de miàn mào

在我们生活的地球表面，有高山、大海、平原、湖泊，各种地貌现象可谓变化万千。然而，宇航员在太空中看到的地球却是一颗蓝色的星球，这是因为地球上大部分地区都被蓝色的海洋覆盖着。

▲ 地球

"水球"

有人说地球起错了名字，应该叫"水球"才对，这种说法不无道理。因为我们在太空中看到的地球被蓝色的海洋覆盖着，浩瀚的海水占据了地球表面积的71%，陆地则分散在海洋中间。

七大洲和四大洋

科学家将地球表面划分为七大洲和四大洋。七大洲分别是亚洲、欧洲、非洲、北美洲、南美洲、大洋洲和南极洲。四大洋分别是太平洋、大西洋、印度洋和北冰洋。

小知识

位于非洲北部埃及境内的尼罗河是世界上最长的河流。

巍峨的群山

在陆地上最明显的地貌特征就是高大的山脉，如横贯整个美洲大陆的科迪勒拉山系，欧洲中部的阿尔卑斯山脉以及亚洲的喜马拉雅山脉等，它们气势雄伟壮观，就像是大地的脊梁一样。

▲ 珠穆朗玛峰

河流密布

除了雄伟的山脉，陆地表面还蜿蜒着无数条河流。它们有的奔腾数千米最终流入了大海，有的却只是在陆地上流动。其中比较著名的河流有尼罗河、亚马孙河、密西西比河、长江等。

▼ 长江

33

大陆是什么
dà lù shì shén me

在地球诞生之初，所有的大陆都是成片连在一起的，非常完整。随着地球的成长和变化，那些原本连在一起的大陆逐渐分裂、漂移到了今天的位置，形成了地球现在的样子。

陆地的单位
lù dì de dān wèi

海洋把地球上的陆地分为几个大板块和无数的小块。为方便起见，人们通常把海洋和陆地都区分为几大部分。最大的陆地单位有两个，一个是"大陆"，另一个是"洲"。

小知识

在漫长的大陆变迁中，地球上最终形成了现在的六个大陆。

大陆和洲的区别
dà lù hé zhōu de qū bié

大陆和洲的主要区别在于大陆四面完全或几乎完全被大洋所包围；而洲是以大陆为划分基础的，并且习惯上把大陆附近的各个岛屿都囊括其中。如亚欧大陆，分为亚洲和欧洲。

大陆上的景观
dà lù shang de jǐngguān

在宽广的大陆上有着丰富奇特的自然景观。陆地上的地形通常分为平原、高原、盆地、山地和丘陵等类型，除了这些自然生成的景观，还有不少的人文景观，如梯田、运河、人工湖等。

▲ 小樽运河是日本北海道地区最古老的运河

▲ 梯田

移动的大陆
yí dòng de dà lù

据推测，5000万年前，南半球的大陆块迅速地漂向现在的位置。美洲持续向西漂离欧洲大陆。非洲板块与亚欧板块互相碰撞，形成阿尔卑斯山脉；印度撞向亚洲，形成喜马拉雅山脉。

▼ 喜马拉雅山脉

měi lì de yà zhōu
美丽的亚洲

亚洲的全称是亚细亚洲，意思是"太阳升起的地方"，它位于东半球的东北部，在地理上习惯分为东亚、东南亚、南亚、西亚、中亚和北亚，这里拥有壮丽的自然景观和古老的文明。

dì yī dà zhōu
第一大洲

亚洲是世界上面积最大的一个洲，也是世界上人口最多的一个洲。亚洲还拥有丰富的矿产资源、森林资源和世界上最多样的气候。

lǚ yóushèng dì
旅游胜地

漫长的海岸线造就了亚洲美丽的热带风光，泰国、印度尼西亚、马尔代夫等都是世界著名的度假胜地。此外，亚洲还有许多世界文化名城，如中国的北京、西安，日本的京都、奈良，西亚地区的大马士革和耶路撒冷等。

▲ rì běn nài liáng de dōng dà sì
▲ 日本奈良的东大寺

巨大贡献
jù dà gòngxiàn

早在公元前 3000 年，亚洲人已经发明了烧制陶器和冶炼矿石，亚洲的苏美尔人首先发明了文字和系统的灌溉工程，中国人的瓷器和四大发明，印度人发现"0"、发明阿拉伯数字等。许多科学上的发明 创 造都为世界作出了巨大贡献。

文明大陆
wénmíng dà lù

小知识

位于亚洲西伯利亚地区的贝加尔湖是世界上最深的湖泊。

亚洲是一块古老而文明的大陆，世界四大文明古国中的三个位于这里（中国、印度、古巴比伦）。至今，中国的长城、印度的泰姬陵等古迹享誉全球。

世界之最
shì jiè zhī zuì

亚洲有世界最高峰——珠穆朗玛峰，还有世界陆地上最低的洼地和湖泊——死海。亚洲是世界上火山最多的洲，还有世界上最大的湖泊——里海。

▼ 珠穆朗玛峰

富饶的欧洲
fù ráo de ōu zhōu

欧洲全称为"欧罗巴洲"，意思是"日落的地方"，位于亚洲西面，欧洲拥有悠久而辉煌的历史，如今的欧洲经济发展水平居各大洲之首，是一个充满风情而富饶的大洲。

▲ 达·芬奇在文艺复兴时期著名画作《蒙娜丽莎》

优越的自然环境
yōu yuè de zì rán huán jìng

欧洲的地形以平原为主，横亘南部的阿尔卑斯山脉是欧洲最高大的山脉。

欧洲的河流众多，伏尔加河、多瑙河、莱茵河等都是世界著名的河流。此外，温和湿润的气候等都为欧洲的发展创造了良好的自然条件。

古老文明
gǔ lǎo wén míng

在地理上，欧洲通常分为北欧、西欧、南欧、中欧、东欧五个地区。欧洲有着悠久的文明发展史，璀璨的古希腊文明、繁荣的古罗马帝国和伟大的文艺复兴运动都诞生在这里。

富饶之地
fù ráo zhī dì

běi ōu de nuó wēi hé ruì diǎn děng guó bèi rèn wéi
北欧的挪威和瑞典等国被认为

shì quán shì jiè shēng huó zuì shū shì de dì qū zhī yī
是全世界生活最舒适的地区之一。

xī ōu bāo kuò yīng guó fǎ guó hé lán děng guó zhè
西欧包括英国、法国、荷兰等国，这

lǐ shì ōu zhōu dà lù zuì fù ráo de dì qū zhī yī wèi
里是欧洲大陆最富饶的地区之一。位

yú zhōng ōu de dé guó shì yī gè gāo dù fā dá de gōng
于中欧的德国是一个高度发达的工

yè guó jiā ér ruì shì zé sù yǒu zhōng biǎo wáng guó
业国家，而瑞士则素有"钟表王国"

zhī chēng
之称。

▶ 英国伊丽莎白塔
yīng guó yī lì suō bái tǎ

小知识

ōu zhōu de duō nǎo hé
欧洲的多瑙河

shì shì jiè shang liú jīng guó
是世界上流经国

jiā zuì duō de hé liú
家最多的河流。

人文荟萃
rén wén huì cuì

chōng mǎn làng màn fēng qíng de ōu zhōu
充满浪漫风情的欧洲

dà lù shì quán shì jiè lǚ yóu ài hào zhě de
大陆是全世界旅游爱好者的

tiān táng zài hé lán suí chù kě jiàn de
天堂。在荷兰，随处可见的

yī zuò zuò gǔ pǔ ér diǎn yǎ yōu měi de fēng
一座座古朴而典雅优美的风

chē fǎ guó bā lí de xiàng zhēng shì āi fēi
车；法国巴黎的象征是埃菲

ěr tiě tǎ lú fú gōng dé guó de yī
尔铁塔、卢浮宫；德国的一

zuò zuò gǔ bǎo hé jiào táng ràng quán shì jiè de
座座古堡和教堂让全世界的

rén men dōu qū zhī ruò wù
人们都趋之若鹜。

āi fēi ěr tiě tǎ
◀ 埃菲尔铁塔

39

yán rè de fēi zhōu
炎热的非洲

非洲的全称是"阿非利加州",意思是"阳光灼热的地方"。

由于赤道横贯非洲的中部,因此非洲有一半以上地区终年炎热。

非洲拥有广阔的热带雨林,浩瀚的沙漠和一望无际的大草原。

"热带大陆"

按照地理位置,非洲被分成北非、中非、西非、东非和南非。

这里的气候特点是高温、少雨、干燥,因此有"热带大陆"之称。

其中,非洲北部的撒哈拉沙漠是世界上最大的沙漠。

独特的自然景观

非洲拥有世界上最辽阔的热带草原,在这里,成群迁徙的斑马、奔跑的羚羊、微风凛凛的非洲雄狮和笨重的非洲象,还有形状奇特的猴面包树,它们是非洲热带草原上独特的自然景观。

羚羊

文明的摇篮

非洲的尼罗河流域是世界古代文明的摇篮之一。尼罗河下游的埃及是世界四大文明古国之一。至今巍然屹立在尼罗河畔的宏伟金字塔和狮身人面像是古埃及人的杰作。

▲ 尼罗河风景

小知识

非洲西部的加纳因盛产黄金而被赞誉为"黄金海岸"。

"北非花园"

北非的摩洛哥常年气候宜人，花木繁茂，是个风景如画的国家，享有"北非花园"的美称。摩洛哥旅游资源丰富，古都非斯以精湛的伊斯兰建筑艺术闻名于世。

▼ 一队骆驼正在穿越摩洛哥的撒哈拉沙漠

传奇的北美
chuán qí de běi měi

北美洲位于西半球北部，主要国家有美国、加拿大、墨西哥等。这里土地辽阔、矿产资源丰富，当来自世界各地的冒险者纷纷踏上这片土地时，多种文化也在这里融合，同时也铸就了北美大陆的传奇色彩。

名字的来源

北美洲是"北亚美利加洲"的简称，这是为了纪念意大利探险家亚美利哥，他证明了1492年哥伦布发现的这块地方是欧洲人所不知道的"新大陆"，而不是印度。

▼ 休伦湖是北美五大湖之一

小知识

位于北美洲的东北角格陵兰岛（属丹麦）是世界上最大的岛屿。

加勒比海沿岸国家
jiā lè bǐ hǎi yán àn guó jiā

此外，在北美洲南部还
cǐ wài   zài běi měizhōunán bù hái

有古巴、巴拿马、海地、牙
yǒu gǔ bā   bā ná mǎ   hǎi dì   yá

买加、多米尼加等加勒比海
mǎi jiā   duō mǐ ní jiā děng jiā lè bǐ hǎi

沿岸国家。其中，古巴风
yán àn guó jiā   qí zhōng   gǔ bā fēng

光旖旎，享有"加勒比明
guāng yǐ nǐ   xiǎngyǒu   jiā lè bǐ míng

珠"的美誉。
zhū   de měi yù

jiā lè bǐ hǎi yán àn
▲ 加勒比海沿岸

超级强国
chāo jí qiángguó

美国的领土横跨整个北美大陆，此外，还包括阿拉斯加和
měi guó de lǐng tǔ héngkuàzhěng gè běi měi dà lù   cǐ wài   hái bāo kuò ā lā sī jiā hé

太平洋中部的夏威夷群岛。在美国境内，有温暖的佛罗里达海
tài píngyángzhōng bù de xià wēi yí qún dǎo   zài měi guó jìng nèi   yǒu wēnnuǎn de fó luó lǐ dá hǎi

岸、白雪皑皑的落基山脉、广阔的大平原、壮观的科罗拉多大
àn   bái xuě ái ái de luò jī shānmài   guǎngkuò de dà píngyuán   zhuàngguān de kē luó lā duō dà

峡谷……如今的美国是世界上首屈一指的强国。
xiá gǔ   rú jīn de měi guó shì shì jiè shangshǒu qū yī zhǐ de qiángguó

"枫叶之国"
fēng yè zhī guó

加拿大国内枫树众多，每
jiā ná dà guó nèi fēngshùzhòngduō   měi

到秋天，满山遍野的枫叶宛如
dào qiū tiān   mǎnshānbiàn yě de fēng yè wǎn rú

一堆堆燃烧的篝火，因此，加
yī duī duī ránshāo de gōu huǒ   yīn cǐ   jiā

拿大也有"枫叶之国"的美
ná dà yě yǒu   fēng yè zhī guó   de měi

誉。枫树被定为加拿大的国
yù   fēng shù bèi dìng wéi jiā ná dà de guó

树，是加拿大民族的象征。
shù   shì jiā ná dà mín zú de xiàngzhēng

jiā ná dà huáng jiā shāngōngyuán
▲ 加拿大皇家山公园

shén mì de nán měi
神秘的南美

通常以巴拿马运河为界，将南美洲与北美洲分开。南美洲包括巴西、阿根廷、乌拉圭、智利、秘鲁、委内瑞拉等国家和地区，这里拥有丰富的自然资源、古老而璀璨的文明和多元的现代文化。

南美的世界之最

在南美大陆上，有世界最长的山脉——安第斯山脉，世界最大的高原——巴西高原，世界最大的平原——亚马孙平原和世界最大的热带雨林——亚马孙热带雨林。

小知识

南美洲除巴西讲葡萄牙语外，其他国家都通用西班牙语。

阿根廷

阿根廷气候适宜，物产富饶，著名的潘帕斯大草原就位于其境内。首都布宜诺斯艾利斯风景秀美，气候宜人，有"南美巴黎"之称。此外，这里的伊瓜苏大瀑布、莫雷诺冰川等也闻名遐迩。

南美洲的象征
nán měizhōu de xiàngzhēng

▲ 秘鲁古城马丘·比丘
bì lǔ gǔ chéng mǎ qiū bǐ qiū

秘鲁是印加文明的发祥地。
bì lǔ shì yìn jiā wénmíng de fā xiáng dì

马丘·比丘位于秘鲁境内的印
mǎ qiū bǐ qiū wèi yú bì lǔ jìng nèi de yìn

加古城，是一座沉睡了400年
jiā gǔ chéng shì yī zuòchénshuì le nián

的历史古城，是南美洲最具神
de lì shǐ gǔ chéng shì nán měizhōu zuì jù shén

秘色彩的古迹之一，也是整个
mì sè cǎi de gǔ jì zhī yī yě shì zhěng gè

南美洲的象征。
nán měizhōu de xiàngzhēng

巴西
bā xī

巴西是南美洲领土面积最大的国家，
bā xī shì nán měizhōulǐng tǔ miàn jī zuì dà de guó jiā

因盛产咖啡而有"咖啡王国"的美誉。
yīn shèngchǎn kā fēi ér yǒu kā fēi wángguó de měi yù

巴西是世界上公认的"狂欢节之乡"，节
bā xī shì shì jiè shanggōngrèn de kuánghuān jié zhīxiāng jié

日之际，人们倾城而出，跳桑巴舞、化
rì zhī jì rén menqīngchéng ér chū tiàosāng bā wǔ huà

装游行，非常热闹。此外，巴西
zhuāng yóu xíng fēi cháng rè nao cǐ wài bā xī

的足球闻名全球。
de zú qiú wénmíngquán qiú

▼ 阿根廷冰川国家公园
ā gēn tíngbīngchuānguó jiā gōngyuán

小巧的大洋洲

大洋洲是世界上面积最小的一个洲，它由澳大利亚大陆和周围一些大小岛屿群组成。特殊的地理位置和相对隔绝的地理环境使这里孕育出了世界上最奇特的动植物。

岛屿众多

大洋洲包括澳大利亚、新西兰、斐济、汤加、巴布亚新几内亚、所罗门群岛、库克群岛等十几个国家和地区。这里

▲ 新西兰怀特岛

岛屿众多，有新几内亚岛、新西兰南北二岛等一万多个岛屿。

澳大利亚

小知识

澳大利亚称为"坐在矿山上的国家"和"骑在羊背上的国家"。

澳大利亚是大洋洲面积最大的国家。它也是世界上唯一独占一个大陆的国家。这里有世界上最大最长的珊瑚礁群——大堡礁，世界上最大的岩石——艾尔斯巨石。它们都是澳大利亚独特的地理景观。

珍稀动物
zhēn xī dòng wù

在大洋洲的大陆上，有
许多特有的动植物品种，如
袋鼠、树袋熊、鸭嘴兽等，
大洋洲的许多地方，都有一
些标着动物图案的路牌，这
是在告诉游客和过往的车辆
当地有动物，行车要注意。

▲ 澳大利亚大袋鼠
ào dà lì yà dà dài shǔ

悉尼歌剧院
xī ní gē jù yuàn

举世闻名的悉尼歌剧院是澳大利亚悉尼市的象征，它白色的
外表，建在海港上贝壳般的雕塑体，像飘浮在空中的散开的花
瓣，是公认的20世纪世界七大建筑奇迹之一。

▼ 悉尼歌剧院
xī ní gē jù yuàn

47

bīng xuě nán jí zhōu
冰雪南极洲

南极洲位于地球最南端，是人类最后到达的大陆。其土地几乎都在南极圈内，由围绕南极的大陆、陆缘冰和岛屿组成。这里气候恶劣，是世界上最干燥、最寒冷、风雪最多、风力最大的大洲。

"冰雪高原"

南极是一片大陆地，所以人们称为南极洲。不过，南极的陆地被上面的冰山雪地遮盖得严严实实，在这里根本看不见土地的影子，因而南极洲也被称为"冰雪高原"。

小知识
南极规模最大的科考站是位于麦克默多海峡畔的美国麦克默多站。

▲ 南极冰山和科考队员

南极考察

南极大陆被人类发现已100多年了。但是，人类向南极腹地进军，则是近七八十年的事情。如今，人类已经先后在南极建立起50多个常年科学考察站。

wánqiáng de shēngmìng
顽强的生命

▲ 海豹高度适应海洋中的生
活，它们多数时间在海洋里活动，
遍布整个海域

nán jí zhōu zhí wù xī shǎo   jǐn yǒu tái
南极洲植物稀少，仅有苔
xiǎn   zǎo lèi   dì yī děng   hǎi shuǐzhōnghuò
藓、藻类、地衣等；海水中或
lù dì biānyuánchángjiàndòng wù yǒu hǎi bào   hǎi
陆地边缘常见动物有海豹、海
shī hé hǎi tún   niǎo lèi chú le qǐ é   hái
狮和海豚；鸟类除了企鹅，还
yǒu xìn tiān wēng   hǎi ōu   hǎi yàn děng   hǎi
有信天翁、海鸥、海燕等；海
yángzhōngshèngchǎnjīng lèi   rú lán jīng
洋中盛产鲸类，如蓝鲸。

qǐ é de jiā yuán
企鹅的家园

qǐ é chángcháng bèi rén menchēngwéi   nán jí de xiàngzhēng   tā men hēi bái xiāngjiàn de yǔ
企鹅常常被人们称为"南极的象征"，它们黑白相间的羽
máo kànshàng qù hěnxiàng yī gè shēnchuānyàn wěi fú de shēn shì   jù kē xué jiā yán jiū shuō   qǐ é
毛看上去很像一个身穿燕尾服的绅士。据科学家研究说，企鹅
hěn kě néng zài nán jí zhōuwèichuānshàngbīng jiǎ zhī qián   jiù yǐ jīng lái zhè ér dìng jū le
很可能在南极洲未穿上冰甲之前，就已经来这儿定居了。

zài shuǐbiān xī xì de qǐ é
▼ 在水边嬉戏的企鹅

píng yuán shì jiè
平原世界

píng yuán shì zhǐ lù dì shang hǎi bá gāo dù jiào dī dì biǎo qǐ fú píng huǎn de guǎng dà píng dì

平原是指陆地上海拔高度较低、地表起伏平缓的广大平地。

tā zhǔ yào fēn bù zài dà hé liǎng àn hé hǎi bīn dì qū zhè lǐ dì shì píng tǎn rén kǒu mì jí

它主要分布在大河两岸和海滨地区，这里地势平坦、人口密集、

jīng jì fā dá shì jiè shang dà bù fen rén kǒu dōu shēng huó zài píng yuán shang

经济发达，世界上大部分人口都生活在平原上。

小知识

wǒ guó de chéng dōu
我国的成都

píng yuán zì gǔ jiù shì zhōng
平原自古就是中

guó zuì fù ráo de nóng yè qū
国最富饶的农业区

zhī yī
之一。

píngyuán de xíngchéng
平原的形成

shì jiè shàng jī hū suǒ yǒu de dà píng yuán dōu shì hé liú chōng
世界上几乎所有的大平原，都是河流冲

jī xíng chéng de hé liú de lì liàng fēi cháng jù dà tā yī miàn
击形成的。河流的力量非常巨大，它一面

tuò kuān zì jǐ de hé chuáng yī miàn bǎ dà liàng ní shā duī jī zài hé
拓宽自己的河床，一面把大量泥沙堆积在河

liú liǎng àn zhú jiàn jiù xíng chéng le guǎng mào de píng yuán
流两岸，逐渐就形成了广袤的平原。

shì jiè shí dà píngyuán
世界十大平原

shì jiè shang de shí dà píng yuán àn miàn jī dà xiǎo yī cì shì yà mǎ sūn píng yuán dōng ōu píng yuán
世界上的十大平原按面积大小依次是亚马孙平原、东欧平原

é luó sī píngyuán xī xī bó lì
（俄罗斯平原）、西西伯利

yà píngyuán lā pǔ lā tǎ píngyuán
亚平原、拉普拉塔平原、

běi měi dà píngyuán tú lán píngyuán
北美大平原、图兰平原、

héng hé píngyuán yìn dù hé píngyuán
恒河平原、印度河平原、

zhōng ōu píngyuán sōngliáo píngyuán
中欧平原、松辽平原。

píngyuán
▲ 平原

pīng yuán de tè diǎn 平原的特点

shì jiè píngyuán zǒng miàn jī yuē zhàn quán qiú lù dì zǒng miàn jī de píngyuán bù dàn guǎng dà
世界平原总面积约占全球陆地总面积的1/4，平原不但广大，
ér qiě tǔ dì féi wò shuǐwǎng mì bù jiāo tōng fā dá shì jīng jì wén huà fā zhǎn jiào zǎo jiào kuài
而且土地肥沃，水网密布，交通发达，是经济文化发展较早较快
de dì fang wǒ guó de chángjiāng zhōng xià yóu píngyuán jiù yǒu yú mǐ zhī xiāng de měichēng
的地方。我国的长江中下游平原就有"鱼米之乡"的美称。

yà mǎ sūn píngyuán 亚马孙平原

nán měizhōu de yà mǎ sūn píngyuán shì shì jiè shang zuì
南美洲的亚马孙平原是世界上最
dà de píngyuán zhàn zhěng gè bā xī guó tǔ miàn jī de
大的平原，占整个巴西国土面积的
zhè lǐ dì shì dī píng tǎn dàng hé liú wān yán liú
1/3。这里地势低平坦荡，河流蜿蜒流
tǎng hú pō zhǎo zé zhòng duō yùncáng zhe shì jiè zuì fēng
淌，湖泊沼泽众多，蕴藏着世界最丰
fù duō yàng de shēng wù zī yuán
富多样的生物资源。

zài yà měi sūn píngyuán shang liú tǎng zhe shì jiè shang
◀ 在亚美孙平原上，流淌着世界上
shuǐ liàng zuì dà de hé liú yà mǎ sūn hé
水量最大的河流——亚马孙河

sān jiāng píngyuán
▼ 三江平原

什么是山脉

在世界的许多地方，我们都能看到一座座连接在一起的大山，这些绵延千里的大山就是山脉，它们气势磅礴、峰岭连绵、河谷纵横，被称为地球上最壮丽的自然景观之一。

山脉的形成

在地壳运动的作用下，地球上的各个板块相互挤压使得地壳隆起，从而形成了山脉，这类山脉称为褶皱山脉。例如喜马拉雅山脉就是因为亚欧板块受印度板块的冲撞而形成的。

火山、地震多发区

山脉所在地区是地壳运动最为剧烈的地方，火山、地震常在这些地区发生。如阿尔卑斯山脉南支亚平宁山脉的维苏威火山、安第斯山脉的尤耶亚科火山，都是世界上著名的大火山。

luò jī shānmài
落基山脉

　　luò jī shānmài shì běi měizhōuzhòngyào de shānmài　　tā zòngguàn běi měizhōu xī bù　　chuānyuè jiā
　　落基山脉是北美洲重要的山脉，它纵贯北美洲西部，穿越加

ná dà　　měi guó hé mò xī gē sān guó　　quáncháng　　qiān mǐ　　zhè lǐ yǒuzhòngduō de hú pō
拿大、美国和墨西哥三国，全长4800千米。这里有众多的湖泊、

pù bù　　xiá gǔ hé dòngxué　　shì yī dàoliàng lì de gāoshānfēng jǐng xiàn
瀑布、峡谷和洞穴，是一道亮丽的高山风景线。

luò jī shānmài
▼ 落基山脉

小知识
fēi zhōu tǎn sāng ní
非洲坦桑尼
yà dōng běi bù de qǐ lì mǎ
亚东北部的乞力马
zhā luó shān shì fēi zhōu de dì
扎罗山是非洲的第
yī gāo fēng
一高峰。

xǐ mǎ lā yǎ shānmài
喜马拉雅山脉

　　xǐ mǎ lā yǎ shānmàimiányán　　duō qiān mǐ　　chuānyuèzhōngguó　　yìn dù　　bā jī sī tǎn
　　喜马拉雅山脉绵延2400多千米，穿越中国、印度、巴基斯坦

hé ní bó ěr　　shì shì jiè shang zuì gāo de shānmài　　qí zhōngzhū mù lǎng mǎ fēng shì shì jiè zuì gāo
和尼泊尔，是世界上最高的山脉，其中珠穆朗玛峰是世界最高

fēng　　mù qián　　xǐ mǎ lā yǎ shānmài réng rán zài　　zhǎnggāo
峰。目前，喜马拉雅山脉仍然在"长高"。

xǐ mǎ lā yǎ shānmài
▼ 喜马拉雅山脉

dì qiú xiá gǔ
地球峡谷

由于河流的不断冲刷，陆地表面被水侵蚀成深深的凹地，这种地形两坡陡峭，横剖面呈"V"字形，这就是我们所说的"峡谷"。峡谷地势险要风景迷人，是探险和旅游观光的好去处。

kē luó lā duō dà xiá gǔ
科罗拉多大峡谷

美国的科罗拉多大峡谷是世界上最壮丽的峡谷之一，它位于美国西部。最令人称奇的是大峡谷的岩石在阳光的照耀下会变幻着不同的颜色，此时的大峡谷宛若仙境、七彩缤纷，吸引了全世界无数旅游者的目光。

▼ kē luó lā duō dà xiá gǔ
科罗拉多大峡谷

小知识
měi guó de bù lái sī
美国的布莱斯
xiá gǔ yǐ qí xíng guài zhuàng
峡谷以奇形怪状
de fēng huà yán shí zhù chēng
的风化岩石著称。

科尔卡大峡谷
kē ěr kǎ dà xiá gǔ

科尔卡大峡谷位于南美洲的秘鲁境内，它横穿安第斯山，峡谷两侧山体庞大，陡峭雄奇，四周是安第斯山高原和雪山。科尔卡峡谷是秘鲁的主要旅游地之一。

▲ 科尔卡大峡谷

雅鲁藏布大峡谷
yǎ lǔ zàng bù dà xiá gǔ

世界第一大峡谷——雅鲁藏布大峡谷位于"世界屋脊"青藏高原之上，是世界上海拔最高、最深和最长的河流峡谷，堪称世界峡谷之最，这里的动植物资源非常丰富。

▲ 雅鲁藏布大峡谷

长江三峡
chángjiāng sān xiá

长江三峡是世界上最壮丽的峡谷之一，位于我国重庆、湖北的交界处，是瞿塘峡、巫峡和西陵峡三段峡谷的总称。这里有重岩叠嶂的群峰、汹涌奔腾的江水、千姿百态的奇石、神秘莫测的溶洞……

裂谷在哪里

裂谷是地球上最奇特的地貌之一，经常出现在两块相邻的板块之间，在大洋板块中心也会出现裂谷。东非大裂谷是世界上最长的裂谷，它气势宏伟、景色壮观，是纵贯东部非洲的地理奇观。

"地球的伤痕"

东非大裂谷是由于三千万年前的地壳板块运动非洲东部底层断裂形成的，被称为"地球的伤痕"，它的长度相当于地球周长的1/6。东非大裂谷就是一本丰富的地质百科全书。

▼ 东非大裂谷

火山林立
huǒshān lín lì

大裂谷地带火山林
dà liè gǔ dì dài huǒshān lín

立，多姿多彩。在众
lì duō zī duō cǎi zài zhòng

多的火山中有数百年
duō de huǒshān zhōng yǒu shù bǎi nián

不曾活动的死火山，也
bù céng huó dòng de sǐ huǒshān yě

▲ 乞力马扎罗山
qǐ lì mǎ zhā luó shān

有20世纪还曾爆发过的活火山。其中较著名的有乞力马扎罗山、
yǒu shì jì hái céng bào fā guò de huó huǒshān qí zhōng jiào zhùmíng de yǒu qǐ lì mǎ zhā luó shān

肯尼亚山、尼拉贡戈火山等。
kěn ní yà shān ní lā gòng gē huǒshān děng

小知识

有关地理学家
yǒu guān dì lǐ xué jiā

预言，未来非洲大
yù yán wèi lái fēi zhōu dà

陆将沿大裂谷断裂
lù jiāng yán dà liè gǔ duàn liè

成两个大陆板块。
chéng liǎng gè dà lù bǎn kuài

"东非十字架"
dōng fēi shí zì jià

在肯尼亚境内，大裂谷的轮廓非常清晰，
zài kěn ní yà jìng nèi dà liè gǔ de lún kuò fēi chángqīng xī

它纵贯南北，将这个国家劈为两半，恰好与横
tā zòngguàn nán běi jiāngzhè gè guó jiā pī wéi liǎngbàn qià hǎo yǔ héng

穿全国的赤道相交叉，因此，肯尼亚获得了
chuānquánguó de chì dàoxiāngjiāo chā yīn cǐ kěn ní yà huò dé le

一个十分有趣的称号"东非十字架"。
yī gè shí fēn yǒu qù de chēnghào dōng fēi shí zì jià

天然蓄水池
tiān rán xù shuǐ chí

东非大裂谷犹如一座巨型天然蓄
dōng fēi dà liè gǔ yóu rú yī zuò jù xíng tiān rán xù

水池，非洲大部分湖泊都集中在这
shuǐ chí fēi zhōu dà bù fēn hú pō dōu jí zhōng zài zhè

里。大大小小有30多个，呈长条状，
lǐ dà dà xiǎoxiǎoyǒu duō gè chēngchángtiáozhuàng

像一串晶莹的珍珠，沿大裂谷一字排
xiàng yī chuànjīng yíng de zhēnzhū yán dà liè gǔ yī zì pái

开。其中，纳库鲁湖是世界火烈鸟最
kāi qí zhōng nà kù lǔ hú shì shì jiè huǒ liè niǎo zuì

集中的栖息地。
jí zhōng de qī xī dì

▲ 火烈鸟
huǒ liè niǎo

什么是高原
shén me shì gāo yuán

高原是一大片高出海平面很多，但又不像山峰那样起伏很多的平地，它是在大面积、长期连续的地壳抬升过程中形成的，素有"大地的舞台"之称。我国的青藏高原是世界最高的高原。

小知识

在亿万年前，青藏高原曾是一片波涛滚滚的大海。

高原的特点
gāoyuán de tè diǎn

高原海拔高、气压低、氧气含量少，但高原地区日照时间长，太阳能资源非常丰富。不过，高原地区水的沸点低于100℃，如果用普通饭锅煮饭，则会夹生。

巴西高原
bā xī gāoyuán

巴西高原位于南美洲巴西境内，除了南极洲的冰原外，巴西高原是世界上最大的高原。尽管位于赤道地区，但巴西高原的气温并不像人们想象的那样高，巴西利亚、圣保罗等高原城市气候宜人。

▼巴西高原
bā xī gāoyuán

huáng tǔ gāoyuán
黄土高原

黄土高原位于我国中部偏北，这里是世界上最大的黄土沉积区。

黄土高原地区蕴藏着丰富的煤炭、石油资源，而且这里的农垦历史悠久，是我国古代文化的摇篮。

▲ 千沟万壑的黄土高原
qiāngōuwàn hè de huáng tǔ gāoyuán

qīngzànggāoyuán
青藏高原

青藏高原位于我国西南部，地域辽阔，占国土总面积的 1/6，是我国最大的高原，也是世界海拔最高的高原。由于其平均海拔4000米以上，所以被称为"世界屋脊"。青藏高原上湖泊众多，同时还是亚洲许多大河的发源地。

▼ 青藏高原
qīngzànggāoyuán

59

dī wā zhī dì
低洼之地

在地球表面，有着千姿百态的地貌景观，其中有一种奇特的地理形态叫做低地，也叫"低洼之地"。其与周围地区相比，地势相对低下。荷兰就是世界上著名的低地国家。

低地的演变

世界上有很多由低地而形成的湖泊，如贝加尔湖；有些古老的低地，曾经是深水的湖泊，经过河流带来的泥沙的长期沉积，逐渐填高，变成了高于海平面的平原，如洞庭湖平原、鄱阳湖平原等。

▼ 贝加尔湖

"低地之国"

小知识

荷兰的鲜花享誉世界，其中美丽的郁金香是荷兰的国花。

"荷兰"在日耳曼语中叫尼德兰，意为"低地之国"，因其国土有一半以上低于或几乎水平于海平面而得名。因此在历史上，每逢海潮发生时，荷兰的许多国土常被海水淹没。

闻名遐迩的风车

荷兰被称为"风车之国"，其实荷兰人最初发明风车是用来排水的，后来风车还被用来灌溉、发电等。如今，在绿草如茵的草原和运河的背景中，转动的风车景象已成为荷兰刻画在世人心中最经典的形象。

▲ 荷兰风车

死谷

死谷是美国加利福尼亚洲东南部的一处洼地，是北美大陆最低的地方，最低点为海拔−85米。1849年曾有一队寻找金矿的人在谷底迷路，险些丧命，故称死谷。

▲ 死谷

千姿百态的丘陵

丘陵由连绵不断的低矮山丘组合而成，一般是山地与平原的过渡地带，其起伏不大，坡度较缓。这种在陆地上分布很广的地貌是山地久经侵蚀的结果。尽管丘陵不及高山巍峨，但它同样有许多妙趣横生的地方。

物产丰饶

在亚欧大陆和南北美洲地区，都分布着大片的丘陵地带。丘陵地区自古就是人类的重要栖息之地，这里降水量较充沛，适合各种经济树木和果树的栽培生长，十分有利于发展多种经济。

哈萨克丘陵

世界上最大的丘陵是哈萨克丘陵，它位于哈萨克斯坦的中部，它经过长时间的风化侵蚀，地表较平坦，多沙丘和盐沼。这里的矿产资源有铜、铅、锌、铬、煤、铁、石油、天然气和铝土矿等。

▼ 哈萨克丘陵

江南丘陵
jiāngnán qiū líng

江南丘陵包括长江以南、南岭以北、武夷

山和天目山等山脉以西、雪峰山以东的山和丘

陵，是我国最大的丘陵。这里夏季酷热，持续

时间长；冬季较暖。在丘陵的盆地中，农业丰

盛，盛产水稻、麦类、油菜等。另外，江南丘

陵地区也是柑橘、油茶、茶叶的主要产区。

桂林山水
guì lín shānshuǐ

著名的旅游胜地桂林就属于丘陵地形，清澈见底的河水与倒

映在水中的山影以及萦绕在山间的雾霭组成美丽的"画卷"，因

而有了"桂林山水甲天下"的美誉。

▼桂林山水
guì lín shānshuǐ

měi lì de zhǎo zé
美丽的沼泽

沼泽指的是一切湿地，这种地理形态是纤维植物、药用植物、蜜源植物的天然宝库，是珍贵鸟类、鱼类栖息、繁殖和育肥的良好场所。沼泽还具有湿润气候、净化环境的功能。

zhǎo zé de xíngchéng
沼泽的形成

沼泽的形成是由于温湿或冷湿气候的影响，平坦或低洼的地方排水不畅而形成的。它既可以因为江、河、湖、海的边缘或浅水部分淤塞演变而成，也可以因为林区或高山草甸、冻土带地下水聚集逐渐形成。

▼ 沼泽

小知识

我国的若尔盖湿地是国家一级保护野生动物黑颈鹤的主要栖息地。

"地球之肾"

湿地与森林、海洋并称为全球三大生态系统，具有维护生态安全、保护生物多样性等功能，所以人们把沼泽湿地称为"地球之肾"、天然水库和天然物种库。

▲ 沼泽里的青蛙

重要资源

沼泽地区生长的芦苇是造纸工业的重要原料；沼泽中生长的泥炭藓在第一次世界大战中用作伤口敷剂，驰名世界；沼泽拥有大量泥炭，是重要的能源。

大沼泽地

在美国的佛罗里达州南端，有一片世界上非常著名的沼泽区，它就是大沼泽地，其广袤辽阔的湿地是野生动植物生息繁衍的天堂，尤其是部分濒临灭绝的野生动物的最佳栖息地。如今，这里已建立了国家公园，并被列为世界自然遗产。

◀ 大沼泽地国家公园里的白鹭

sǐ jì de shā mò
死寂的沙漠

茫茫的沙漠是陆地上一种特殊的地表形态，这里的自然条件非常恶劣，不仅终年干旱少雨，植物奇缺，而且一天当中的冷热变化还很大，还有那些流动的沙丘，会吞噬掉沙漠里仅存的一点点绿地。

沙漠的形成

当地面缺少植物覆盖时，岩石碎块被风化成沙砾，狂风再把沙砾堆积成沙丘，铺盖在整个地面上。世界上几乎所有的大沙漠都是这样形成的。人类滥伐森林也是沙漠形成的重要原因。

绿洲

在干旱、死寂的沙漠中，有些地方也会出现茂盛的植物，这就是生机勃勃的绿洲。每当夏季来临，融化的雪水就会流入沙漠的低谷，后形成湖泊，为植物的生长提供充足的水源。

▲ 鸟瞰撒哈拉沙漠的绿洲边界

撒哈拉大沙漠
sā hā lā dà shā mò

号称"死亡之海"的撒哈拉大沙漠是世界最大的沙漠，它位于非洲北部，这片不毛之地占去了非洲大陆1/3的面积。虽然气候恶劣，但是这里却储藏有石油、天然气、铀、铁、锰、磷酸盐等矿藏。

▼撒哈拉大沙漠中的骆驼队

海市蜃楼
hǎi shì shèn lóu

在沙漠中旅行的人们有时会突然看到空中出现楼台、城廓、山峰等奇异现象，人们称它为"海市蜃楼"，这是光在密度不均匀的空气中传播时发生折射现象造成的。海面、湖泊、雪原、戈壁等地方也会有这种现象发生。

▶海市蜃楼

pén dì tàn qí
盆地探奇

通常，人们把四周高、中间低的像盆子一样的地形叫做盆地。盆地里常常堆积了大量有用矿物和有机质，是世界上矿产资源最丰富的地区之一。所以，对于人类来说，盆地就像是一个资源大仓库。

pén dì
▲ 盆地

pén dì de xíngchéng
盆地的形成

地壳运动使有些地方隆起，有些地方下降，并且下降的地方正好被隆起的地方所包围，这样就形成了盆地。有些盆地是由于地陷后形成的，有些盆地是由于风把地表上的沙石吹走形成的。

dà zì liú pén dì
大自流盆地

澳大利亚中东部的大自流盆地又称澳大利亚盆地，在盆地中有大量地面自流井和地下井，这为附近干旱牧区的养牛和养羊业提供了充足的水源，具有非常大的经济价值。

刚果盆地
gāngguǒ pén dì

▲ 刚果盆地
gāngguǒ pén dì

刚果盆地位于非洲中部，
gāngguǒpén dì wèi yú fēizhōuzhōng bù

是世界上最大的盆地。盆地
shì shì jiè shang zuì dà de pén dì pén dì

边缘矿产丰富，盆地中水
biān yuán kuàng chǎn fēng fù pén dì zhōng shuǐ

资源充沛，人们据此将刚果
zī yuánchōng pèi rén men jù cǐ jiānggāngguǒ

盆地称为"中非宝石"。
pén dì chēngwéi zhōng fēi bǎo shí

四川盆地
sì chuānpén dì

四川盆地是我国的四大盆地之一，这
sì chuānpén dì shì wǒ guó de sì dà pén dì zhī yī zhè

里有终年不息的滔滔江水、葱郁的山林、
lǐ yǒuzhōngnián bù xī de tāo tāo jiāngshuǐ cōng yù de shān lín

翠碧的田野和紫红色的土壤，红绿相映
cuì bì de tián yě hé zǐ hóng sè de tǔ rǎng hóng lù xiāngyìng

成趣，被誉为"天府之国"。
chéng qù bèi yù wéi tiān fǔ zhī guó

小知识

吐鲁番盆地是
tǔ lǔ fān pén dì shì

我国陆地最低的地
wǒ guó lù dì zuì dī de dì

方，盆地内的葡萄
fāng pén dì nèi de pú táo

沟闻名天下。
gōu wén míng tiān xià

▼ 四川盆地
sì chuānpén dì

sēn lín
森林

森林是地球生物圈的重要组成部分,这里生长着大片的树木,有高大树木构成的乔木,也有枝干比较矮小的灌木。根据外貌的不同,人们将森林分为阔叶林和针叶林两种类型。

kuò yè lín
阔叶林

阔叶林中的树木一般叶面宽阔,树干不像针叶树那样通直,树冠一般比较宽广。阔叶林主要分常绿阔叶林和落叶阔叶林。常绿阔叶林主要分布于南北半球的亚热带地区。

小知识

适量砍伐木材可以使森林完成更新的过程。

luò yè kuò yè lín
落叶阔叶林

落叶阔叶林又称夏绿林,它随季节的变化明显,春季林冠呈嫩绿色,夏季呈现浓绿色,秋天时叶子的颜色变红或变黄,冬天树叶脱落。落叶阔叶林主要分布于北半球的温带地区。

▲ 落叶阔叶林

热带雨林

热带雨林是森林的一种类型，它覆盖了地球表面6%的土地，这里空气潮湿，气候条件非常适合植物的生长，所以热带雨林里不仅植物种类繁多，而且树木也很高大。

◀ 昆士兰热带雨林

针叶林

针叶林通常称为北方针叶林，又叫泰加林，主要由云杉、冷杉、落叶松和松树等一些耐寒树种组成。它包括常绿和落叶，耐寒、耐旱和喜温、喜湿等类型的针叶纯林和混交林。其广泛分布于世界各地。

▼ 西伯利亚针叶林带

dà cǎo yuán
大草原

草原是世界所有植被类型中分布最广的。这里广袤无垠，草类茂盛，养育着多种多样的生物。另外，它还是干旱和半干旱地区不可多得的栖息地。世界上的各大洲都有草原分布。

草原的分类

草原是在比较干旱环境下形成的以草本植物为主的植被，主要包括热带草原和温带草原。热带草原上往往生长着相当多的树木，而温带草原则一望无际，是牧民们理想的家园。

▲ 非洲狮

动物的家园

热带草原上有很多食草动物，如非洲草原上的非洲象、河马、犀牛、长颈鹿、斑马、羚羊等。此外，这里还有号称"百兽之王"的非洲狮，威风凛凛，吼声震人心魄。

温带草原

温带草原在世界上分布面积较广，主要分布于内陆地区，这里夏季炎热、冬季寒冷，四季变化明显，春末夏初一片葱绿，秋初则呈现一片枯黄。阿根廷的潘帕斯草原和我国的呼伦贝尔草原都是世界著名的温带草原。

典型动物

温带草原有很多典型动物，如亚欧大草原上的高鼻羚羊、黄羊、野驴、野马、黄鼠和沙狐等；北美草原上有草原犬鼠、长耳兔、叉角羚、草原松鸡等；羊驼、豚鼠、美洲鸵鸟则是南美草原上的代表动物。以穴居为主的啮齿类动物也是草原上常见的动物，它们具有很高的繁殖能力。

▼热带草原

dòng xué
洞穴

与高山、平原一样，洞穴也是陆地表面的基本地形，通常由水的溶蚀、侵蚀和风蚀作用形成。很久以前，原始人都居住在山洞里。如今，洞穴风光、洞穴生物以及与洞穴相关的文化，成为旅游观光的好地方。

溶洞

溶洞是一种天然的地下洞穴，它是在漫长的岁月里，由含有二氧化碳气体的地下水逐渐对石灰岩进行溶解时形成的。溶洞在形成过程中不断扩大，并且相互连通，从而形成了很大规模。

▼ 越南洞穴

小知识

我国是个多溶洞的国家，尤其是以广西境内的溶洞著称。

石笋
shí sǔn

yán dòng dòng dǐng shang de shuǐ dī luò xià lái
岩洞洞顶上的水滴落下来

shí   lǐ miàn suǒ hán de shí huī zhì zài dì miàn
时，里面所含的石灰质在地面

shang yī diǎn diǎn chén jī qǐ lái   yóu rú yī gēn
上一点点沉积起来，犹如一根

gēn mào chū dì miàn de shí sǔn   xiàng xià zhǎng de
根冒出地面的石笋。向下长的

shí zhōng rǔ   yǔ xiàng shang zhǎng de shí sǔn xiāng lián
石钟乳与向上长的石笋相连

jiù xíng chéng le shí zhù
就形成了石柱。

dòng xué zhōng de shí sǔn   shí zhù
▲ 洞穴中的石笋、石柱

猛犸洞穴
měng mǎ dòng xué

měng mǎ dòng xué shì shì jiè shang zuì cháng de róng dòng qún   lín lì de shí sǔn hé duō zī de shí
猛犸洞穴是世界上最长的溶洞群，林立的石笋和多姿的石

zhōng rǔ biàn bù dòng zhōng   jǐng xiàng shí fēn zhuàng guān   dòng zhōng hái yǒu dì xià àn hé tōng guò   zhè
钟乳遍布洞中，景象十分壮观，洞中还有地下暗河通过。这

lǐ hái yǒu gè zhǒng gè yàng de dòng zhí wù   qí zhōng bāo kuò xǔ duō bīn lín miè jué de wù zhǒng
里还有各种各样的动植物，其中包括许多濒临灭绝的物种。

石钟乳
shí zhōng rǔ

dì xià yán dòng de dòng dǐng yǒu hěn duō liè
地下岩洞的洞顶有很多裂

xì   shuǐ bù duàn wǎng xià shèn   shuǐ fèn zhēng
隙，水不断往下渗，水分蒸

fā hòu   shí huī zhì chén diàn xià lái   jiù jiàn
发后，石灰质沉淀下来，就渐

jiàn zhǎng chéng le zhōng zhuàng de shí zhōng rǔ
渐长成了钟状的石钟乳。

shí zhōng rǔ de shēng zhǎng sù dù shí fēn huǎn
石钟乳的生长速度十分缓

màn   dà yuē jǐ bǎi nián cái néng zhǎng lí mǐ
慢，大约几百年才能长1厘米。

shí zhōng rǔ
▲ 石钟乳

qū zhé de hé liú
曲折的河流

dì qiú shang yǒu wú shù dà dà xiǎo xiǎo de hé liú　　yǒu de cháng dá jǐ qiān qiān mǐ　　yǒu de
地球上有无数大大小小的河流，有的长达几千千米，有的
shān jiān xiǎo xī què zhǐ yǒu jǐ qiān mǐ cháng　　tā men jiù xiàng rén tǐ liú dòng de xuè yè yī yàng　　shì
山间小溪却只有几千米长，它们就像人体流动的血液一样，是
shēng mìng de yuán quán　　shì jiè zhù míng de hé liú yǒu ní luó hé　　　yà mǎ sūn hé　　duō nǎo hé
生命的源泉。世界著名的河流有尼罗河、亚马孙河、多瑙河、
héng hé　　gāng guǒ hé　　cháng jiāng děng
恒河、刚果河、长江等。

zhòng yào de hé liú
重要的河流

hé liú shì dì qiú shang shuǐ xún huán de zhòng yào lù jìng　　duì quán qiú de wù zhì　　néng liàng de
河流是地球上水循环的重要路径，对全球的物质、能量的
chuán dì yǔ shū sòng qǐ zhe zhì guān zhòng yào de zuò yòng　　ér qiě shì jiè shang suǒ yǒu de rén lèi wén míng
传递与输送起着至关重要的作用。而且世界上所有的人类文明
jǐ hū dōu zài hé liú de liǎng àn yùn yù　　yòu yán zhe hé liú zhú jiàn zǒu xiàng huī huáng
几乎都在河流的两岸孕育，又沿着河流逐渐走向辉煌。

ní luó hé
▼ 尼罗河

小知识

fú ěr jiā hé shì ōu
伏尔加河是欧
zhōu zuì cháng de hé liú　shì
洲最长的河流，是
yùn yù é luó sī wén míng de
孕育俄罗斯文明的
yáo lán
摇篮。

尼罗河

尼罗河一直被埃及人民奉为母亲河，它发源于埃塞俄比亚高原，跨越撒哈拉沙漠，最后注入地中海，是世界最长的河流。拥有五千年历史的古埃及文明就是在尼罗河两岸孕育的。

▲ 蓝色的多瑙河

多瑙河

蜿蜒于欧洲大陆上的多瑙河是世界上流经国家最多的河流，其流域山清水秀，一派田园风光。在其沿岸还有许多名城，如德国的雷根斯堡、音乐之都"维也纳"、被誉为"多瑙河上明珠"的布达佩斯等。

恒河

恒河被印度人民誉为"圣河"，它发源于喜马拉雅山脉，下游流经孟加拉国。在印度文明的整个发展历程中，恒河起过十分重要的作用，在印度人心目中，它是至高至圣的，被誉为"母亲河"。

▲ 在恒河沐浴的人们

míng liàng de hú pō
明亮的湖泊

湖泊是人类最宝贵的水资源，从空中俯瞰陆地时，一个个湖泊就像一面面宝镜镶嵌在大地上。湖泊中盛产鱼虾，又有舟楫之利，湖泊周围往往是人烟稠密、经济发达的地区。

běi měi wǔ dà hú
北美五大湖

▲ 五大湖卫星照片

在北美洲美国、加拿大两国交界处，自西向东分布着苏必利尔湖、密歇根湖、休伦湖、伊利湖和安大略湖等，这五大湖连在一起。

qīng hǎi hú
青海湖

青海湖古称"西海"，是我国最大的咸水湖，位于我国青藏高原北部。这里湖滨地势平坦，水源充足，气候温和，是水草丰美的天然牧场。青海湖中的鸟岛自然保护区驰名中外。

78

贝加尔湖

在广阔的西伯利亚南部，有一个世界上最深的湖泊——贝加尔湖，如果我们把高大的泰山放入湖中的最深处，山顶距水面还有100米。贝加尔湖，湖水清澈透明，景色优美。

里海

位于亚欧两洲交界处的里海是世界上最大的湖泊，由于其水域辽阔，常出现狂风恶浪，而且湖水也是咸的，有许多水生动植物也和海洋生物差不多，所以被人们称为"海"，其实它是一个内陆湖泊。

的的喀喀湖

的的喀喀湖位于南美洲秘鲁和玻利维亚两国之间的科亚奥高原上，是南美洲最大的淡水湖。湖周围群山环绕，峰顶常年积雪，风景十分秀丽。

▼ 的的喀喀湖

zhuàngguān de pù bù
壮观的瀑布

zài hé liú xíng jìn tú zhōng，chángcháng chū xiàn yī xiē xuán yá、dǒu bì，shuǐ liú cóng dǒu qiào
在河流行进途中，常常出现一些悬崖、陡壁，水流从陡峭

de yá bì shang fēi xiè ér xià，jiù xiàng gěi qiào bì shangxuán guà le yī céng bái shā lián，rén men
的崖壁上飞泻而下，就像给峭壁上悬挂了一层"白纱帘"，人们

xíngxiàng de chēng tā wéi pù bù。pù bù bù jǐn zhuàngměi，hái yùn cáng zhe fēng fù de shuǐ lì zī yuán
形象地称它为瀑布。瀑布不仅壮美，还蕴藏着丰富的水力资源。

ān hè ěr pù bù
安赫尔瀑布

ān hè ěr pù bù shì shì jiè shangluò chà zuì
安赫尔瀑布是世界上落差最

dà de pù bù，tā yǐn cáng zài nán měizhōuwěi nèi
大的瀑布，它隐藏在南美洲委内

ruì lā de gāoshān mì lín zhī zhōng，qì shì xióngwěi、
瑞拉的高山密林之中，气势雄伟、

jǐng sè zhuàngguān，guǒzhēnyìng le nà jù"fēi liú
景色壮观，果真应了那句"飞流

zhí xià sān qiān chǐ，yí shì yín hé luò jiǔ tiān"de
直下三千尺，疑是银河落九天"的

zhùmíngshī jù。
著名诗句。

ní yà jiā lā pù bù
尼亚加拉瀑布

jǔ shì wénmíng de ní yà jiā lā pù bù
举世闻名的尼亚加拉瀑布

wèi yú jiā ná dà hé měiguó jiāo jiè de ní yà
位于加拿大和美国交界的尼亚

jiā lā hé shang，tā yǐ qí hóngwěipáng bó de
加拉河上，它以其宏伟磅礴的

qì shì、fēng pèi hào hàn de shuǐliàng ér zhù
气势、丰沛浩瀚的水量而著

chēng，shì shì jiè shang qī dà qí jǐng zhī yī。
称，是世界上七大奇景之一。

ní yà jiā lā pù bù
▼ 尼亚加拉瀑布

维多利亚瀑布

wéi duō lì yà pù bù

维多利亚瀑布位于南部非
洲赞比亚和津巴布韦接壤的地
方，在非洲大陆上，它是和
东非大裂谷齐名的大自然的杰
作。维多利亚瀑布是非洲最大
的瀑布，也是世界上最美丽、
最壮观的瀑布之一。

▲ 维多利亚瀑布

黄果树瀑布

黄果树位于我国贵州省安顺市，因当地一种常见的植物
"黄果树"而得名。该瀑布是我国最大的瀑布，气势磅礴，十分
壮观，同时也是世界著名瀑布之一。

▼ 黄果树瀑布

小知识

伊瓜苏瀑布、
维多利亚瀑布和尼
亚加拉瀑布并称
为世界三大瀑布。

tiān rán bīng chuān
天然冰川

在地球的南北两极和高山地区，积雪由于自身的压力变成冰，又因重力作用而沿着地面向倾斜方向移动，这种移动的大冰块叫冰川。世界上许多大江大河都发源于冰川，因此，冰川是地球上重要的淡水资源。

▲ 流动的冰川

流动的冰川

冰川的冰晶体和晶体之间的空隙里包裹着水。这些水就像润滑剂一样，使冰川在压力和斜度的影响下，缓缓地向下滑动。不过，冰川流动的速度是很慢的，平均每天流动几厘米到几米。

世界上最长的冰川

兰伯特冰川位于南极洲，是世界上最大最长的冰川。这条冰川由3个分散的冰川连接而成，以每年平均350米的流速流注入海。这个冰川是在1957年，由澳大利亚一批飞行员发现的。

赤道上的冰川

▲ 乞力马扎罗山

在炎热的赤道附近地区，也有冰川和积雪，它们往往是在海拔超过6千米的高山上。在坦桑尼亚境内的最高山脉，乞力马扎罗山上有座基博峰，那里有厚达61米的冰川。

莫雷诺冰川

莫雷诺冰川位于南美洲南端，已有20万年历史，但在冰川界尚属"年轻"一族。这里每隔20分钟左右就可以看到"冰崩"奇观：一块块巨大的冰块沉入阿根廷湖，发出震耳欲聋的响声，但很快，一切又都归于平静。

▼ 莫雷诺冰川

小知识

按照冰川的规模和形态，冰川可分为大陆冰川和山岳冰川。

sān jiǎo zhōu
三角洲

三角洲又称"河口平原"，它的形状 呈三角形，所以叫"三角洲"。三角洲的面积往往比较大，而且水网密布、土质肥沃，非常适合耕作，因此三角洲地区一般是人口密集、经济繁荣的地方。

rú hé xíngchéng
如何形成

一些混在河水里的泥沙从上游流到下游时，由于河床逐渐扩大，落差减小，在河流注入大海时，水流分散，流速突然减少，再加上潮水不时涌入有阻滞河水的作用，于是，泥沙就在这里越积越多，最后露出水面，形成了三角洲平原。

▲ 三角洲

恒河三角洲
héng hé sān jiǎozhōu

恒河三角洲是世界最大的三角洲，这里
土壤肥沃，农业发达，是孟加拉国与印度
重要的农业区，也是世界黄麻的最大产区。
河口地区还有大片的红树林和沼泽地。

小知识

多瑙河三角
洲是目前世界上
保存的最完好的三
角洲。

密西西比河三角洲
mì xī xī bǐ hé sān jiǎozhōu

美国的密西西比河三角洲，由于大
量冲积物的沉积，目前它仍以每年平
均75米的速度向墨西哥湾延伸。美国最
大的海港新奥尔良就位于该三角洲上。

◀ 密西西比河三角洲
mì xī xī bǐ hé sān jiǎozhōu

尼罗河三角洲
ní luó hé sān jiǎozhōu

尼罗河这条世界上著名的大河，它再注入地中海时，河流落
差很小，水流平稳，形成了广阔富饶的尼罗河三角洲。至今，埃
及仍有90%以上的人口和绝大部分工农业生产集中在这里。

▼ 尼罗河三角洲
ní luó hé sān jiǎozhōu

hǎi biān bàn dǎo
海边半岛

海边半岛是指那种伸入海洋的陆地，它三面临水、一面同陆地相连。半岛的面积大小不一、形状各异。世界著名的半岛有阿拉伯半岛、斯堪的纳维亚半岛、伊比利亚半岛、巴尔干半岛、亚平宁半岛、中南半岛等。

半岛的形成

大的半岛主要受地质构造断陷作用而成。此外，由于沿岸河流携带泥沙由陆地向小岛堆积，或岛屿受海浪侵蚀使碎屑物质由岛向陆地堆积，逐渐使岛与陆相连，形成陆连岛。

最大的半岛

世界上最大的半岛是亚洲西南部的阿拉伯半岛，这里的大部分地区属于热带沙漠，气候炎热干燥。阿拉伯半岛及附近的海湾中还蕴藏着大量的石油和天然气，岛上许多国家都以此为经济支柱。

▲ 阿拉伯半岛

▲ 斯堪的纳维亚半岛

斯堪的纳维亚半岛

北欧斯堪的纳维亚半岛是欧洲最大的半岛，半岛上有挪威、瑞典两个国家。半岛西部的挪威海岸破碎曲折，形成了许多美丽、狭长、曲折、幽深的峡湾，其中以松恩峡湾最为著名。

中南半岛

中南半岛位于亚洲南部，包括越南、老挝、中国云南、柬埔寨、缅甸、泰国及马来西亚西部，是世界上国家最多的半岛。这里拥有非常丰富的矿产资源和森林资源。

▼ 美丽的云南

小知识

山东半岛、辽东半岛和雷州半岛是我国较大的三个半岛。

群岛

qún dǎo

群岛是指成群分布在一起的岛屿，是彼此距离很近的许多岛屿的合称。世界上主要的群岛分布在四个大洋中，其中以太平洋海域中群岛最多。

群岛和列岛

在许多大群岛中往往也包含着许多小群岛，如马来群岛就包括菲律宾群岛、大巽他群岛、小巽他群岛、东南群岛、西南群岛等。若岛屿的排列成线形或弧形，习惯上又称为"列岛"，如我国的长山列岛、澎湖列岛等。

▼ 马尔代夫

群岛家族

根据成因，群岛可分为构造升降引起的构造群岛、火山作用形成的火山群岛、生物骨骼形成的生物礁群岛和外动力条件下形成的堡垒群岛。

小知识

南沙群岛中的曾母暗沙是我国领域的最南端。

▲ 马来西亚海岸边的一个帆板船选手

最大的群岛

位于西太平洋海域的马来群岛是世界最大的群岛，整个群岛有大小岛屿2万多个，分属于印度尼西亚、马来西亚、文莱、菲律宾、东帝汶等国。岛上山岭多，地形崎岖，并常有地震火山爆发。

夏威夷群岛

太平洋上的夏威夷群岛是由火山喷发形成的，它包括了一百多个大小不一的岛屿。夏威夷群岛是旅游观光的好地方，这里的热带海滨和火山奇观吸引着世界各地的游客。

▼ 夏威夷群岛

hǎi gǎng
海港

在海洋运输中，港口是船舶停泊、中转和装卸货物的场所。港口与港口之间，通过发达的海上航线相联系。全世界160多个沿海国家和地区，共有大小海港近万个，它们不论过去、现在，都在推动着世界经济的发展。

商品运输的枢纽

国际贸易需要海洋运输来支持，海港就成了商品运输的枢纽。港口有齐全的配套设施，如码头、装卸设备等，还要有高效的运作服务。

▼ 摩纳哥海港

纽约港
niǔ yuēgǎng

纽约港是美国最大的海港，也是世
niǔ yuēgǎng shì měi guó zuì dà de hǎi gǎng yě shì shì

界天然深水港之一，由于港口的自然条
jiè tiān rán shēn shuǐ gǎng zhī yī yóu yú gǎng kǒu de zì rán tiáo

件和地理位置优越，使得其成为美国最
jiàn hé dì lǐ wèi zhì yōu yuè shǐ dé qí chéng wéi měi guó zuì

重要的产品集散地，也因此奠定了纽约
zhòng yào de chǎn pǐn jí sàn dì yě yīn cǐ diàndìng le niǔ yuē

成为全球重要航运交通枢纽及欧美交
chéng wéi quán qiú zhòng yào háng yùn jiāo tōng shū niǔ jí ōu měi jiāo

通中心的地位。
tōngzhōng xīn de dì wèi

▲ 繁华的纽约港
fán huá de niǔ yuēgǎng

小知识

新加坡港扼太
xīn jiā pō gǎng è tài

平洋及印度洋之间
píngyáng jí yìn dù yáng zhī jiān

的航运要道，战略
de háng yùn yào dào zhàn lüè

地位十分重要。
dì wèi shí fēn zhòng yào

上海港
shàng hǎi gǎng

上海港位于黄浦江与苏州河的交汇
shàng hǎi gǎng wèi yú huáng pǔ jiāng yǔ sū zhōu hé de jiāo huì

处，水路交通十分发达，而且居全国南北
chù shuǐ lù jiāo tōng shí fēn fā dá ér qiě jū quánguó nán běi

沿海航线的中枢，也是中国内河、海运及
yán hǎi háng xiàn de zhōngshū yě shì zhōngguó nèi hé hǎi yùn jí

国际贸易的枢纽港，其吞吐量居全国首位。
guó jì mào yì de shū niǔ gǎng qí tūn tǔ liàng jū quánguóshǒuwèi

香港
xiānggǎng

香港是亚洲繁华的大都市，也是国际金融中心之一，素有
xiānggǎng shì yà zhōu fán huá de dà dū shì yě shì guó jì jīn róngzhōng xīn zhī yī sù yǒu

"东方明珠"的美称。同时它还是条件优越的天然深水港。这里
dōngfāngmíngzhū de měichēng tóng shí tā hái shì tiáo jiàn yōu yuè de tiān rán shēn shuǐgǎng zhè lǐ

蓝天碧海，山峦秀丽，港口地理位置优越，是少有的天然良港。
lán tiān bì hǎi shānluán xiù lì gǎngkǒu dì lǐ wèi zhì yōu yuè shì shǎoyǒu de tiān rán liánggǎng

▼ 香港维多利亚港湾
xiānggǎng wéi duō lì yà gǎngwān

气象万千

风霜雨雪、阴晴冷暖对生活在地球上的人们产生着非常重要的影响。万物复苏的春天、生机勃勃的夏天、美丽迷人的秋天、万物凋敝的冬天,四季的更替是大自然的馈赠,多样的气候让地球村的生活变得更加丰富多彩。

qì hòu shì shén me
气候是什么

气候是一种复杂的的自然现象，它是指地球的某个地区多年时段的天气状况，是该时段各种天气过程的综合表现。气候与人类社会有着密切的关系，许多国家很早就有关于气候现象的记载。

▲ 沙漠气候是大陆性气候的极端情况。

qì hòu de lèi xíng
气候的类型

地球上的气候种类大致可分为：极地苔原气候、亚寒带针叶林气候、温带季风气候、温带草原气候、温带沙漠气候、亚热带季风和季风湿润性气候、热带沙漠气候、热带草原气候、热带雨林气候、山地气候、温带海洋性气候、地中海气候等。

yǐngxiǎng qì hòu de yīn sù
影响气候的因素

地理位置是影响地球上各个地区气候的主要因素，靠近赤道的地区气候炎热，远离赤道的地区气候寒冷。此外，距离海洋的远近和海拔高度也是影响气候的因素。

对人类生活的影响

气候对人类的生活产生着非常重要的影响。比如，生活在热带地区的人们通常的衣着简单凉爽，而寒带地区的人们则衣着厚重。气候还会影响农作物的分布，例如，苹果适合生长在温带，荔枝则喜欢生长在亚热带地区。

◀ 美味的荔枝是亚热带地区重要的水果。

我国的气候特点

我国气温和降水的季节性变化明显，大部分地区受季风影响，四季分明。寒潮、台风、梅雨是我国重要的天气现象，它们的形成、变化构成了我国气候变化的主要特征。

小知识

气候一词源自古希腊文，指各地气候同太阳光线的倾斜程度有关。

不同的气候带

地球上因为太阳照射的不均匀，使气候随着地球纬度的变化而有规律地改变。根据这一特性，我们划分出了气候带。在同一气候带内，气候的基本特征相似。地球上的气候带大致可分为热带、温带和寒带。

气候带的形成

太阳辐射是气候带形成的基本因素。太阳辐射在地表的分布，主要决定于太阳高度角。太阳高度角随纬度增高而递减，不仅影响温度分布，还影响气压、风系、降水和蒸发，使地球气候呈现出按纬度分布的地带性。

▲ 热带雨林

气候带的划分

古希腊人最早提出气候带的概念，并以南、北回归线和南、北极圈为界线，把全球气候划分为热带、南温带、北温带、南寒带、北寒带5个气候带。

影响气候带的因素

小知识

研究气候带的分布和变化规律，对认识地理环境的演变有重要意义。

由于海陆分布、海拔高度、地形和大气环流等因素影响，实际的气候带界线并不完全和纬度圈平行，尤其在较高纬度上，有些同纬度地区的气候差异较大。如，由于受北大西洋暖流的影响，同纬度的西欧地区比我国的黑龙江省温暖得多。

山地自然景观的运用

气候带概念还可应用到山地自然景观上。在水分供应充分的情况下，由于气温的垂直变化，在热带赤道地区的高山上，从山麓到山顶，可出现从热带雨林到终年积雪，即类似于从赤道到极地的各种气候带。

▼ 温带地区的红松林

yán rè de rè dài
炎热的热带

热带是位于南北回归线（南北纬 23°26′）之间的地带，地处赤道的两侧，这里每年都有一次太阳直射的现象。因为这一地带始终能得到强烈的阳光照射，气候炎热，因此称为热带。

rè dài de tè diǎn
热带的特点

这里正午太阳高度终年较高，赤道上终年昼夜等长。气候的特点是全年高温，变化幅度很小，只有相对热季和凉季之分或雨季、干季之分。全年温度大于16℃。

小知识

咖啡、可可、菠萝、香蕉、榴莲、椰子等是热带地区典型的作物。

rè dài jì fēng qì hòu
热带季风气候

热带季风气候以亚洲南部、东南部的印度半岛和中南半岛最为显著。这种气候终年高温，一年中也可以分为旱、雨两季，风向随季节而变化。

热带草原气候

▲ 非洲狮是热带草原上最具代表性的动物。

非洲是世界上热带草原气候分布面积最大的地区。这里每逢湿季时,草木欣欣向荣,百花盛开。干季时炎热干燥、湿季雨水稀少、蒸发旺盛、草类凋萎,树木落叶,原野变得枯黄。

热带沙漠气候

热带沙漠气候分布于热带草原南北两侧,主要有非洲的撒哈拉沙漠、西亚的阿拉伯沙漠、大洋洲的西澳沙漠、北美的加利福尼亚沙漠。酷热是沙漠的杰作,绝对最高气温可超过50℃,地面温度更高。

温和的温带

温带是世界上分布最为广泛的气候类型，主要分布在北回归线和北极圈之间以及南回归线和南极圈之间。这种气候冬冷夏热，四季分明，从而为生物创造了良好的气候环境，形成了丰富的动植物界。

气候类型

从全球分布来看，温带气候的情况比较复杂多样。根据地区的降水特点的不同，可分为温带海洋性气候、温带大陆性气候、温带季风性气候和地中海气候几种类型。

▲ 新西兰马瑟森湖

温带海洋性气候

温带海洋性气候是全年温和常湿的气候，主要分布在欧洲西海岸、南美洲智利南部沿海以及新西兰、北美阿拉斯加南部等地区。

这些地方冬季温暖，夏无酷暑，全年湿润多雨。

温带季风气候
wēn dài jì fēng qì hòu

▲ 日本北海道的大雪山国立公园
rì běn běi hǎi dào de dà xuě shān guó lì gōngyuán

温带季风气候位于欧亚大陆的温带东部，如我国的华北地区、东北地区、日本本州东北地区、北海道岛、朝鲜半岛大部及俄罗斯的远东地区。

这里的冬季寒冷干燥；夏季暖热多雨，全年四季分明，天气多变。

地中海气候
dì zhōng hǎi qì hòu

地中海气候是亚热带、温带的一种气候类型。因为地中海沿岸地区最典型而得名，其特点是：夏季，干旱少雨；冬季，降水丰富，气候温和。柑橘、油橄榄、无花果是地中海气候下典型的作物。

▼ 爱琴海畔的房子
ài qín hǎi pàn de fáng zi

小知识

温带占地球总面积的50%。我国大部分地区都属于温带气候。
wēn dài zhàn dì qiú zǒngmiàn jī de wǒ guó dà bù fēn dì qū dōu shǔ yú wēn dài qì hòu

寒冷的寒带

寒带是指在南北纬66°34′的纬线圈内的地区，主要包括北寒带和南寒带。这一地区由于太阳光斜射，获得的太阳光热比其他地带少，气候终年寒冷。寒带地区还会出现极昼、极夜现象。

气候特征

寒带气候区降水量稀少，而且以降雪为主，太阳辐射弱，出现过地球上的极端最低气温。寒带气候区的土壤为冰沼土和永冻土，植被稀少。北极熊和企鹅分别是北寒带和南寒带的代表动物。寒带地区还有神奇的极光景观。

▼冰岛最大的冰湖扎古萨拉冰湖

冰原气候 bīngyuán qì hòu

小知识

生活在北极地区的北极熊是陆地上最大的哺乳动物。

冰原气候分布在南极大陆和格陵兰高原，是寒带的气候型之一。这里的地面多被非常厚的冰雪所覆盖，而且风暴凛冽，植物难以生长。夏季短暂且阴冷，冬季漫长而严寒。

原始针叶林 yuán shǐ zhēn yè lín

横跨欧、亚、北美大陆北部的针叶林属寒带和寒温带地区的地带性森林类型，是世界最大的原始针叶林，也是世界最主要的木材生产基地。这里生活着棕熊、西伯利亚虎、松鼠、啄木鸟……

▲ 西伯利亚虎

亚寒带 yà hán dài

亚寒带出现在北纬50°～65°之间，呈带状分布，横贯北美和亚欧大陆。如欧洲北部、加拿大北部、俄罗斯境内则分布着亚寒带气候。

▲ 加拿大东海岸北大西洋岛屿，西邻劳伦斯湾的纽芬兰岛。

gāo shān qì hòu dài
高山气候带

高山气候带是在海拔高、地面广、起伏平缓的高原面上所形成的气候。山地气候气温随海拔高度的升高而降低，如热带高山，由山麓到山顶，可出现由热带、温带到寒带的气候和植被变化。

气候特点

在高山气候区，随着海拔高度的升高，空气、水汽、尘埃等随之减少，太阳直接辐射增强，紫外辐射增强尤为明显，气温低、日差较大、年差较小。

huáng tǔ gāoyuánhóng shí xiá
▲ 黄土高原红石峡

高山高原气候
gāoshāngāoyuán qì hòu

在低纬度地区的高山高原地带，自下而上有热带、亚热带、温带、亚寒带和永久积雪带，反映出了完整的垂直气候带的特点。

高原高山气候的总体特点为全年低温，降水较少。另外，由于气候的垂直分布明显，还导致了生物的多样性异常显著。

青藏高原气候
qīngzànggāoyuán qì hòu

我国的青藏高原就属于高原山地气候区，这里的空气比较干燥、稀薄，太阳辐射比较强，气温比较低，总的来说降雨比较少。

qīngzàng gāoyuán
▼ 青藏高原

四季交替

我们知道地球上有不同的季节，每个季节的气候和天气也各不一样。春天的时候天气温暖，夏天天气炎热，秋天天气开始转凉，而冬天的天气非常寒冷。季节对天气有很大的影响，也影响着人们的日常生活。

地理现象

四季是一种地理现象，是指一年中交替出现的四个季节，即春季、夏季、秋季和冬季。在气候上，四个季节是以温度来区分的。在各个季节之间并没有明显的界限，季节的转换是逐渐的。

▲ 四季变化

小知识

南半球的人们是在炎炎夏日中庆祝圣诞节的。

四季产生的原因

地球绕太阳公转的轨道是椭圆的，且与其自转的平面有一个夹角。当地球处在公转轨道的不同位置时，地球上各个地方受到的太阳光照是不一样的，因此就有了季节的变化。

南北半球的相反

在北半球，每年的3~5月为春季，6~8月为夏季，9~11月为秋季，12~2月为冬季。在南半球，各个季节的时间刚好与北半球相反。南半球是夏季时，北半球正是冬季；南半球是冬季时，北半球是夏季。

四季的划分

四季是根据昼夜长短和太阳高度的变化来划分的。东西方各国在划分四季时所采用的界限点是不完全相同的。我国传统的四季划分方法，是以二十四节气中的"四立"作为四季的始点的。如春季立春为始点，立夏为终点。

▲ 樱花盛开的春季

biàn huà de tiān qì
变化的天气

天气是指相对快速的冷热变化，如阴、晴、风、雨、雷、电、雾、霜、雪等都是天气现象。尽管天气现象千变万化，但都发生在离地球最近的对流层里。天气与人类的生活和社会经济活动有非常紧密的联系。

天气与气压

气压是作用在单位面积上的大气压力，世界各地的气压或多或少都有差别。气压的大小与海拔高度、大气温度、大气密度等有关。一年之中，冬季比夏季气压高。高压一般带来晴朗干燥的天气，而低压容易形成多云雨的天气。

▼ 斯特隆波里岛的天气变化

天气系统

大气在不断地变化,但是大气中的温度、气压和风是可以测量的,这些因素成为衡量天气的要素,我们把这称为天气系统。

气象卫星

气象卫星是指从太空对地球及其大气层进行气象观测的人造地球卫星。它的主要作用就是对地表和云层进行观测,使人们能准确地了解连续的、全球范围内的大气运动规律,从而做出精确的气象预报。

▲ 气象卫星

"聪明"的蜜蜂

蜜蜂能对天气变化迅速作出反应。晴天,它们争先恐后飞出蜂箱采蜜;阴雨天,它们迟迟不肯离开蜂箱;天气突变时,很多蜜蜂会急忙进巢;如果它们出巢在细雨中采蜜,就表示连续的阴雨天气将结束。

▲ 蜜蜂

fēng
风

fēng shì dà liàng kōng qì zài xiàng zhe yī gè fāngxiàng liú dòng shí chǎnshēng de yī zhǒng zì rán xiànxiàng
风是大量空气在向着一个方向流动时产生的一种自然现象。

tōngcháng yǐ fēngxiàng fēng sù huò fēng lì lái biǎo shì fēng de lèi bié wú lùn shì guǎngkuò de hǎi yáng
通常以风向、风速或风力来表示风的类别。无论是广阔的海洋、

bīng xuě fù gài de dà lù hái shì yī wàng wú jì de shā mò dōu huì yǒu fēng de cún zài
冰雪覆盖的大陆，还是一望无际的沙漠，都会有风的存在。

fēng jí
风级

fēng de dà xiǎo duì rén men de shēnghuó yǐngxiǎnghěn dà wèi le
风的大小对人们的生活影响很大，为了

cè liángfēng de dà xiǎo rén men bǎ fēng fēn wéi jí zhè gè
测量风的大小，人们把风分为0~12级，这个

héngliángbiāozhǔn jiù shì fēng jí jí yǐ shàng de fēng huì duì rén
衡量标准就是风级。6级以上的风会对人

men de shēngchǎnshēnghuó zàochéngyǐngxiǎng
们的生产生活造成影响。

gēn jù fēng duì dì shang wù tǐ suǒ yǐn qǐ
▶ 根据风对地上物体所引起

de xiànxiàng jiāngfēng de dà xiǎo fēn wéi gè
的现象，将风的大小分为13个

děng jí chēng wéi fēng lì děng jí jiǎn chēng
等级，称为风力等级，简称

fēng jí yòu tú wéifēng jí shì yì tú
风级。（右图为风级示意图）

风的形成

风受大气环流、地形、水域等不同因素的综合影响，表现形式多种多样，如季风、地方性的海陆风、山谷风等。简单地说，风是空气分子的运动。

小知识

公元 7 世纪，世界上第一批风车在西亚地区诞生。

古老的风车

风车是一种利用风力的动力机械装置，可以带动其他机器帮助人们干活。2000 多年前，中国、巴比伦、波斯等国就已利用古老的风车提水灌溉、碾磨谷物。12 世纪以后，风车在欧洲得到了迅速地发展。

风力发电

风能还是分布广泛、用之不竭的能源，我们可以利用风能进行发电。风力发电具有成本低、无污染且取之不尽等特点，所以地球上许多风大的地方都建起了风力发电站。

▼ 风力发电

jù fēng
飓风

有一种发生在热带海洋的风暴，它吹越海面时，可以掀起十多米高的巨浪，它推进到岸边，会叠起一片浪墙，汹涌上岸，席卷一切。这种风暴，在亚洲东部的中国和日本，叫做台风；在美洲，叫做飓风。

飓风的产生

靠近赤道的热带海洋是飓风唯一的诞生地。在这里有充足的阳光，空气中含有充足的水分，当热带海面上形成巨大的低压区的时候，周围的冷空气就会补充进去，形成飓风。

▲ 飓风形成的漩涡

飓风预警

由于飓风的破坏力大，因此人们为了减少灾难的发生，在以前常常凭借经验来判断飓风是否会来，而现在人们用人造卫星来跟踪飓风，并提前发出警告，以便做好防御工作。

旋转方向
xuánzhuǎnfāngxiàng

由于地球在自转，
yóu yú dì qiú zài zì zhuàn

所以飓风在形成的时候
suǒ yǐ jù fēng zài xíngchéng de shí hòu

就开始旋转了。飓风在
jiù kāi shǐ xuánzhuǎn le jù fēng zài

北半球和南半球的旋转
běi bàn qiú hé nán bàn qiú de xuánzhuǎn

方向正好相反，在北半
fāngxiàngzhènghǎoxiāng fǎn zài běi bàn

球飓风呈逆时针方向
qiú jù fēng chéng nì shí zhēn fāng xiàng

旋转；而在南半球则呈
xuánzhuàn ér zài nán bàn qiú zé chéng

顺时针方向旋转。
shùn shí zhēnfāngxiàngxuánzhuàn

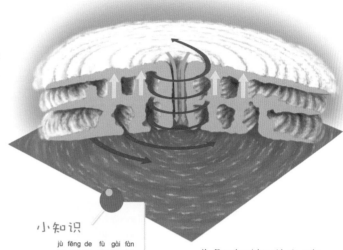

▲ 飓风形成时的旋转方向
jù fēng xíng chéng shí de xuán zhuǎnfāngxiàng

小知识
飓风的覆盖范围甚至要比整个英国还要大。
jù fēng de fù gài fàn wéi shèn zhì yào bǐ zhěng gè yīng guó hái yào dà

飓风和台风
jù fēng hé tái fēng

飓风和台风都是指风速达到 33 米/秒以上的热带气旋，只是
jù fēng hé tái fēngdōu shì zhǐ fēng sù dá dào mǐ miǎo yǐ shàng de rè dài qì xuán zhǐ shì

因发生的地域不同，才有了不同名称。出现在西北太平洋和我国
yīn fā shēng de dì yù bù tóng cái yǒu le bù tóngmíngchēng chū xiàn zài xī běi tài píngyáng hé wǒ guó

南海的强烈热带气旋被称为"台风"；发生在大西洋、加勒比海、
nán hǎi de qiáng liè rè dài qì xuán bèi chēngwéi tái fēng fā shēng zài dà xī yáng jiā lè bǐ hǎi

印度洋和北太平洋东部的则称为"飓风"。
yìn dù yáng hé běi tài píngyángdōng bù de zé chēngwéi jù fēng

lóng juǎn fēng
龙卷风

龙卷风是一种强烈的旋风，它的上端与云层相接，下端有的悬在半空中，有的直接延伸到地面或水面，一边旋转，一边移动。龙卷风的破坏力惊人，往往会使成片的庄稼、树木瞬间被毁，交通中断、房屋倒塌、人畜生命遭受损失。

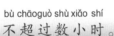
发生时间

龙卷风常发生于夏季的雷雨天气时，尤以下午至傍晚最为多见。龙卷风的直径一般在十几米到数百米之间，袭击范围小。龙卷风的生存时间一般只有几分钟，最长也不超过数小时。

小知识

气象学家把龙卷风分为F0~F5这五个级别，其中F5破坏力最大。

速度快

龙卷风通常是极其快速的，每秒钟100米的风速不足为奇，最快时每秒钟可达175米以上。此外，龙卷风的袭击突然而猛烈，产生的风是地面上最强的。

▲ 因为龙卷风的速度很快，所以人们都说它来的快，去的也快。

奇特的"龙吸水"

龙吸水是一种偶尔出现在温暖水面上空的龙卷风，它的上端与雷雨云相接，下端直接延伸到水面，一边旋转，一边移动。远远看去，被龙卷风卷上空中的水柱不仅像吊在空中晃晃悠悠的一条巨蟒，而且更像一个不停摆动的大象鼻子。

▼ "龙吸水"

yún hé wù
云 和 雾

在太阳的照射下，含有大量水分的空气从水面升到高空之中，最终变成了漂浮在高空的朵朵白云。而雾看起来则像烟一样漂浮在空中，其实它是由悬浮在空中的小水滴凝聚而成的。

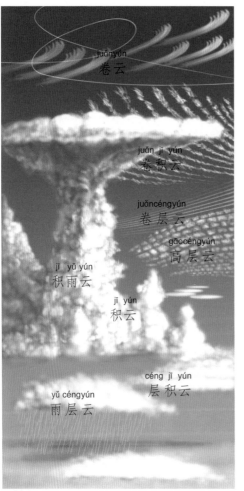

卷云 juǎnyún

卷积云 juǎn jī yún

卷层云 juǎncéngyún

高层云 gāocéngyún

积雨云 jī yǔ yún

积云 jī yún

层积云 céng jī yún

雨层云 yǔ céngyún

gè zhǒng yún céng
◀ 各种云层

云 "家族"
yún jiā zú

云千姿百态，洁白、光亮，

一丝一缕的叫"卷"；弥漫大片，

均匀笼罩大地不见边缘的叫"层"；

一堆堆、一团团拼缀而成，并向

上发展的叫"积"。

小知识

几个世纪以来，在海上迷失方向的水手常靠云指引他们去陆地。

▲ 天空中小片的堆积云

云与天气

气象学家根据高度把云分为高、中、低三种；按形状、结构和成因，云又被划分为10种国际云级。每一种云都预示着未来的天气，所以气象工作都常常通过观察云来预测天气。

海雾

来自陆地的暖空气飘到寒冷的海面，就会形成海雾。在北冰洋，雾从海面上升起，就像是水蒸气从沸水里冒出来，这种雾被称为海烟。

▼ 海雾

降雨
jiàng yǔ

降雨是从云中降落的水滴，当云中的水珠凝结到足够大、无法悬浮在空中时，就会落下来形成雨。雨水是人类生活中重要的淡水资源，植物的生长也离不开雨水的滋润，但暴雨造成的洪水会给人类生活带来灾难。

降水的分布
jiàngshuǐ de fēn bù

雨水和雹、雪一起被称为降水。世界降水量的分布很不均匀，但降水的分布也有规律可循，一般可分为全年多雨区、全年少雨区、夏季多雨区、冬季多雨区和常年湿润区。

暖空气中的水汽凝结成小水滴，小水滴积聚成云。

暖空气受热上升

云块越来越大，内部的冷空气发生循环流动。

当云块中的小水滴增大到一定程度，便落到地面形成降雨。

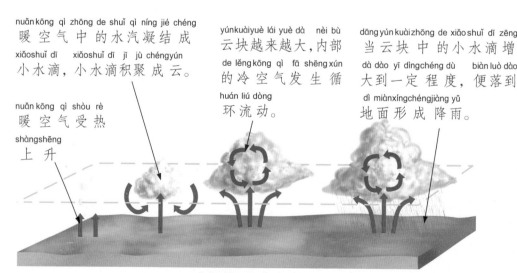

▲ 雨形成的示意图
yǔ xíngchéng de shì yì tú

降雨的重要性

雨的表现形态各具特色，有毛毛细雨，有连绵不断的阴雨，还有倾盆而下的阵雨。对于生活在陆地上的人来说，降雨也是主要的淡水来源。雨对人类的生产和生活有着非常重要的影响。

▲ 暴雨

暴雨

世界上有些地方，常常有倾盆而下的暴雨，给人们带来严重灾害。如果暴雨连续多日，在短时间内有大量的水流入江河，水量超过江河的输送能力，就会发生洪水，造成灾害。

世界雨极

印度的乞拉朋齐是世界上年降雨量最多的地方，1960年8月到1961年7月，出现了26461.2毫米的最高记录。

▼ 雨量众多的乞拉朋齐

小知识

气象学家把1小时降雨量在16毫米以上的雨称为暴雨。

雷电

在雷阵雨的天气中，天空中常常会划过一道道闪电和传来轰隆隆的雷声。闪电和雷鸣的这种放电现象壮观又令人生畏。它们有时会给人类带来麻烦与灾难，但如今，人类已对它有所认识与研究，已做好了防范工作。

揭开雷电秘密

在1752年6月的一个雷雨天气里，美国科学家富兰克林放飞了一个可以收集雷电的风筝，试图收集天空中的雷电。这个实验最终揭开了雷电的秘密，雷电只不过是规模庞大的放电现象。

小知识

直击雷是威力最大的雷电，而球形雷的威力则比直击雷小。

▲ 直击雷

雷电的分类

雷电分为直击雷、电磁脉冲、球形雷、云闪四种类型。其中直击雷和球形雷都会对人和建筑造成危害，而电磁脉冲主要影响电子设备。

闪电"快于"雷鸣?
shǎndiàn kuài yú léi míng

shǎndiàn hé léi míng jī hū shì tóng shí fā shēng de dàn chù zài dì qiú shang de wǒ menzǒng shì
闪电和雷鸣几乎是同时发生的,但处在地球上的我们总是

xiān kàn dàoshǎndiàn zài tīng dào léi shēng zhè shì guāng de chuán bō sù dù bǐ shēng yīn kuài de yuán gù
先看到闪电再听到雷声,这是光的传播速度比声音快的缘故。

wēi xiǎn de shǎndiàn
▲ 危险的闪电

危险的闪电
wēi xiǎn de shǎndiàn

shǎndiànzǒng shì yán zuì jìn de lù zhí dá
闪电总是沿最近的路直达

dì miàn gāo dà de shù mù hé gāocéngjiàn zhù
地面,高大的树木和高层建筑

zuì róng yì zāoshòushǎndiàn de xí jī shǎndiàn
最容易遭受闪电的袭击。闪电

léi shí rú guǒzhàn zài dà shù fù jìn hěnróng
来时,如果站在大树附近很容

yì chù diàn suǒ yǐ yù dào léi yǔ tiān qì
易触电,所以遇到雷雨天气,

yī dìng bù néngzhàn zài dà shù xia
一定不能站在大树下。

避雷针
bì léi zhēn

bì léi zhēn
◀ 避雷针

rén men fā xiàn jīn shǔ kě yǐ chuándǎo léi diàn yú shì jiù zài gāo dà jiàn
人们发现金属可以传导雷电,于是就在高大建

zhù wù dǐngduān ān zhuāng yī gè jīn shǔbàng yòng jīn shǔ xiàn yǔ mái zài dì xià
筑物顶端安装一个金属棒,用金属线与埋在地下

de yī kuài jīn shǔ bǎn lián jiē qǐ lái lì yòng jīn shǔbàng de jiān duānfàngdiàn
的一块金属板连接起来,利用金属棒的尖端放电,

shǐ yúncéngsuǒ dài de diàn hé dì shang de diànmànmàn de zhōng hé
使云层所带的电和地上的电慢慢地中和,

cóng ér bù huì yǐn fā shì gù zhè jiù shì bì léi
从而不会引发事故。这就是避雷

zhēn tā kě yǐ bǎ léi diànchuán bō dào dà dì
针,它可以把雷电传播到大地,

bǎo hù jiàn zhù wù miǎnzāo léi jī
保护建筑物免遭雷击。

wēn shì xiào yìng
温室效应

温室效应又称"花房效应"，它是大气保温效应的俗称。温室效应主要是由于现代化工业社会过多燃烧煤炭、石油和天然气，大量排放尾气，这些燃料燃烧后放出大量的二氧化碳气体进入大气造成的。

温室气体

二氧化碳气体具有吸热和隔热的功能。它在大气中增多后形成一种无形的玻璃罩，使太阳辐射到地球上的热量无法向外层空间发散，结果使地球表面变热起来。因此，二氧化碳被称为温室气体。此外，甲烷、低空臭氧和氮氧化物气体都是温室气体。

太阳辐射
太阳
太阳辐射以热的形式折回空中。

部分热辐射返回宇宙。
部分热辐射折回地球
大气圈
地球

▲ 自然的温室效应

少部分热辐射返回宇宙。
太阳
大部分热辐射折回地球。
积累的温室气体
大气圈
地球

▲ 不平衡的温室效应

温室效应的影响

小知识

假如没有温室效应，地球就会冷得不适合人类居住。

温室效应会使全球的气候变暖，以致南北极的冰层迅速融化，海平面不断上升。世界银行的一份报告显示，如果海平面上升1米，那么就会有5600万的人民无家可归。再者，温室效应还会导致气候反常，海洋风暴增多；土地干旱，沙漠化面积增大等。

应对策略

为了减少大气中有过多的二氧化碳，一方面需要人们尽量节约用电，少开汽车；另一方面要保护好森林和海洋，不乱砍滥伐森林。我们还可以通过植树造林，保护绿色植物，使它们多吸收二氧化碳来帮助减缓温室效应。

▼ 植物可以缓解温室效应

è ěr ní nuò
厄 尔 尼 诺

印尼的森林大火、巴西的暴雨、北美的洪水以及非洲的干旱等众多的灾难都与厄尔尼诺这个几乎是灾难的代名词有关。厄尔尼诺现象是太平洋赤道带大范围内海洋和大气相互作用后失去平衡而产生的一种气候现象。

名称由来

"厄尔尼诺"在西班牙语里的意思是"圣婴"。从19世纪初期开始，秘鲁和厄瓜多尔海岸，有时从圣诞节起至第二年3月份都会发生季节性的沿岸海水水温升高的现象，这被称为"厄尔尼诺"。

厄尔尼诺的影响

厄尔尼诺现象的危害性非常大，它曾使南部非洲、印尼和澳大利亚遭受到前所未有的旱灾，给秘鲁、厄瓜多尔和美国带去了暴雨、洪水和泥石流。此外，在这一海域里生活的浮游生物和鱼类，会因水温上升而大量死亡。

▲ 厄尔尼诺带来的干旱

形成原因

厄尔尼诺现象是由大气环流圈的东移造成的。通常，热带太平洋区域的季风洋流是从美洲走向亚洲，但这种模式被打乱后，太平洋表层的热流就转而向东走向美洲，并带走降雨。

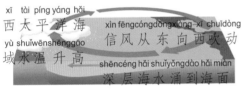

正常的大气环流

西太平洋海域水温升高

信风从东向西吹动

深层海水涌到海面

▲ **正常年份**

反常的大气环流

暖水域从西向东移动

东部信风减弱

暖水域形成

▲ **厄尔尼诺期间**

"拉尼娜现象"

厄尔尼诺发生后，极大影响了太平洋沿岸各国的气候，本来湿润的地区干旱，干旱的地区出现洪涝。而这种气压差增大时，海水温度会异常降低，这种现象被称为"拉尼娜现象"。

▼ "拉尼娜现象"

suān yǔ
酸 雨

酸雨是随着大工业的兴起降临人间的。它主要是由大气中的二氧化硫、三氧化硫和氮氧化物与雨、雪作用形成硫酸和硝酸，再随雨雪降落到地面。现在，世界上很多地区都出现过酸雨的现象。

酸雨的产生

酸雨是人类在生产生活中燃烧煤炭排放出来的二氧化硫，燃烧石油以及汽车尾气排放出来的氮氧化物，经过一系列成云致雨过程而形成的。

▼ 化工污染容易导致酸雨

小知识

酸雨是指由于人类活动的影响，使得 pH 值小于 5.65 的酸性降水。

酸雨的危害

酸雨污染河流湖泊和地下水，直接或间接危害人体健康，并影响鱼虾生存。酸雨引起的酸雾，还会使鸟类受到伤害。酸雨通过对植物表面（叶、茎）的淋洗直接伤害或通过土壤的间接伤害，促使森林衰亡，酸雨还诱使病虫害暴发，造成森林大片死亡。

▲ 酸雨对树木造成的危害

酸雨的防治

控制酸雨的根本措施是减少二氧化硫和氮氧化物的排放。现在，许多国家都已经采取了积极的对策，如优先使用低硫燃料，改进燃煤技术、开发太阳能、风能，用甲醇、液化气等干净的燃料代替汽油、还可以给汽车安装尾气净化器等，都能降低尾气中氮气的排放量。

▶ 太阳能汽车

地质变化

在经历亿万年的沧海桑田后，地球才呈现出今天的模样。褶皱、断层是地球上最常见的地质构造，而给人类造成灾难的火山、地震、海啸是地球演化过程中出现的正常自然现象，它们都会给地球带来深刻的变化。

zhě zhòu
褶皱

岩石之间受到挤压而形成的弯曲变形就是褶皱。褶皱的不同形态和规模大小，常常反映当时地壳运动的强度和方式。褶皱构造是地壳中最广泛的构造形式之一，世界上许多高大山脉都是褶皱山脉。

褶皱的作用

褶皱只跟受到的压缩力有关，由于岩石受到的压缩力年代不同，于是地质学家就可以据此区分不同的地质阶段和地质年代。

小知识

褶皱几乎控制了地球上大中型地貌的基本形态。

在持续的压力下，褶皱演变为冲断层。它既可以看做褶皱，也可以看做断层。

不对称褶皱呈倾斜形态，一个岩层的褶皱轴并不直接位于另一岩层的褶皱轴上方。

平卧褶皱呈现两翼水平倾斜的形态。

褶皱的形式

褶皱可分为背斜和向斜两种形式。背斜指地层向上弯曲的拱起部分，向斜是地层向下弯曲的槽形部分，背斜在褶皱的顶部，呈"A"形，向斜在褶皱的底部，呈"V"形。

▲ 侏罗山式褶皱

"背斜成山，向斜成谷"

如何区分背斜向斜呢？一般规律是"背斜成山，向斜成谷"。当岩层弯曲方向相反时，向斜的岩层向下弯曲，在水平面上中间是新岩层，而两边是老岩层；反之亦然。

褶皱山脉

强烈的碰撞和水平挤压，使沉积岩发生弯曲而形成褶皱，常形成高大的褶皱山脉。在新的构造运动作用下形成高大的褶皱构造山系，则是褶皱地貌中最大的类型。

▼ 阿尔卑斯式褶皱

duàn céng
断层

duàncéng shì gòu zào yùn dòngzhōngcháng jiàn de gòu zào xíng tài tā dà xiǎo bù yī guī mó bù
断层是构造运动中常见的构造形态，它大小不一、规模不

děng xiǎo de bù zú yī mǐ dà dào shù bǎi shàngqiān qiān mǐ dàn gòngtóng diǎn dōu shì pò huài
等，小的不足一米，大到数百、上千千米，但共同点都是破坏

le yán céng de lián xù xìng hé wánzhěngxìng dì qiào duàn kuài yán duàncéng de tū rán yùn dòng shì dì zhèn
了岩层的连续性和完整性。地壳断块沿断层的突然运动是地震

fā shēng de zhǔ yào yuán yīn
发生的主要原因。

duàncéng de xíngchéng
断层的形成

dì qiào yùndòngzhōng de yáncéngshòudào le qiáng dà yā lì hé
地壳运动中的岩层受到了强大压力和

zhāng lì chāoguò le yáncéngběnshēn de qiáng dù duì yán shí chǎn
张力，超过了岩层本身的强度，对岩石产

shēng pò huài zuò yòng ér chǎnshēng le duàncéng yáncéngduàn liè cuò
生破坏作用而产生了断层。岩层断裂错

kāi de miànchēngwéi duàncéngmiàn
开的面称为断层面。

duàncéng
◀ 断层

dì qiàn
地堑

liǎng tiáo duàncéngzhōngjiān de yán kuàixiāng duì xià jiàng liǎng
两条断层中间的岩块相对下降、两

cè yán kuàixiāng duì shàngshēng shí zé huì xíngchéng dì qiàn
侧岩块相对上升时，则会形成地堑，

jí xiá cháng de āo xiàn dì dài rú wǒ guó de fén hé píngyuán
即狭长的凹陷地带。如我国的汾河平原

hé wèi hé gǔ dì dōu shì dì qiàn
和渭河谷地都是地堑。

▲ 圣安德烈斯断层正是两大构造板块之间的断裂线

圣安德烈斯断层

贯穿于美国加利福尼亚州的圣安德烈斯断层是最大的平移断层。它是由于太平洋板块在上面擦过北美板块造成的。在这里，北美板块正在向北移动，而太平洋板块则正在向南移动。

地垒

两条断层中间的岩块相对上升，两边岩块相对下降、相对上升的岩块叫做地垒，这里常常形成块状山地，如我国的庐山、泰山等；

▼ 五岳之一的泰山

小知识

在断层带上往往岩石破碎。沿断层有时会出现泉或湖泊。

133

huǒ shān
火山

火山是地球内部炽热的岩浆冲出地球表面所形成的山状堆积体。火山喷发时滚烫的岩浆从火山口向四面八方奔流，遍及之处无所不催，喷出的大量火山灰和火山气体遮天蔽日，呈现出一幅既壮丽又可怕的自然景象。

火山的种类

按照火山活动情况可将火山分为3类：活火山、死火山和休眠火山。活火山是指今天还在不断喷发的火山；死火山指以前发生过喷发，但有人类历史记录以来一直没有发生喷发的火山；休眠火山就是长期以来处于相对静止状态的火山。

▶ 圣海伦火山

火山带
huǒshān dài

地球上的火山都很有规律的分布在大陆板块的边界，我们把这种火山分布比较集中的地带叫做火山带，全世界有 4 个火山带：环太平洋火山带、大洋中脊火山带、东非裂谷火山带和阿尔卑斯——喜马拉雅火山带。

小知识

现在火山喷发的类型可分为裂隙式喷发和中心式喷发。

▲ 环太平洋火山带上的富士山

带来灾难
dài lái zāi nán

全世界至少有20座城市被爆发的火山瞬间彻底毁灭。其中最著名的莫过于意大利古罗马时期的庞贝古城。火山爆发除了直接毁灭一切，还会引发火灾、海啸、泥石流、洪水等一系列灾害。

▲ 维苏威火山爆发时的情景

dì zhèn
地震

地球表面的地壳，受到来自地球内部的压力，当压力不断增加，达到足够大时，地壳会突然发生错动，瞬间释放出巨大的能量，引起大地的强烈震动，这就是地震。火山喷发、炸弹爆炸和雪崩都会引起地震的发生。

地震带

地震带通常都集中在大陆板块外围的狭长带状区。全球有两大地震带，环太平洋地震带和地中海——喜马拉雅地震带。

▲ 冰岛是一个多地震的国家

震级

地震震级是衡量地震大小的一种度量。每一次地震只有一个震级。

它是根据地震时释放能量的多少来划分的，震级可以通过地震仪器的记录计算出来，震级越高，释放的能量也越多。我国使用的震级标准是国际通用震级标准，叫"里氏震级"。

横波和纵波
héng bō hé zòng bō

当地震发生时，我们首
dāng dì zhèn fā shēng shí wǒ menshǒu

先能感受到上下晃动，其实
xiānnénggǎnshòudàoshàng xià huàngdòng qí shí

这是因为纵波先到达的缘故，
zhè shì yīn wèizòng bō xiān dào dá de yuán gù

紧接着横波就过来了，然后
jǐn jiē zhe héng bō jiù guò lái le rán hòu

大地开始左右前后的摇动。在
dà dì kāi shǐ zuǒ yòu qián hòu de yáodòng zài

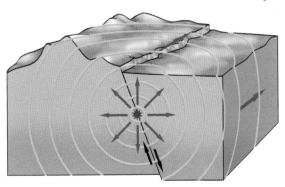

▲ 构造地震的震源位于地壳，是地
gòu zào dì zhèn de zhènyuán wèi yú dì ké shì dì
震震动的发源处。
zhènzhèndòng de fā yuán chù

一次地震中，横波一般要比纵波晚一些到达，但是它的破坏性却
yī cì dì zhènzhōng héng bō yī bān yào bǐ zòng bō wǎn yī xiē dào dá dàn shì tā de pò huàixìng què

比纵波强得多。
bǐ zòng bō qiáng de duō

地震的危害
dì zhèn de wēi hài

小知识

老鼠、猫、狗、
lǎo shǔ māo gǒu

蚂蚁等动物常常
mǎ yǐ děngdòng wù chángcháng

在地震来临前，出
zài dì zhèn lái lín qián chū

现许多异常行为。
xiàn xǔ duō yì chángxíng wèi

地震是最为严重的自然灾害之一。大地
dì zhèn shì zuì wéi yánzhòng de zì rán zāi hài zhī yī dà dì

震能在几分钟内改变地貌，城市变成废墟，
zhènnéng zài jǐ fēn zhōng nèi gǎi biàn dì mào chéng shì biànchéng fèi xū

人员伤亡惨重。地震还能引起山崩、地裂、
rén yuánshāngwángcǎnzhòng dì zhèn hái néng yǐn qǐ shānbēng dì liè

水灾和火灾等灾害。
shuǐ zāi hé huǒ zāi děng zāi hài

hǎi xiào
海啸

地震发生时，海底地壳便急剧地升降，迫使数千米深的海水水柱发生运动，在海水上层形成巨大而迅猛的波浪，这便是海啸。海啸是一种具有强大破坏力的海浪，它给人类带来的灾难是十分巨大的。

海啸的起因

海啸是一种灾难性的海浪，一般是由震源在海底下50千米以内、里氏震级6.5以上的海底地震引起的。水下山崩、火山爆发也可能引起海啸。

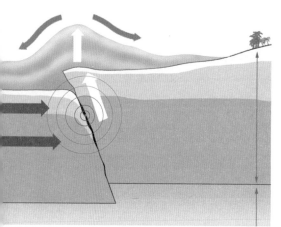

▲ 海啸的形成示意图

海啸的种类

一般海啸可分为4种类型。即由气象变化引起的风暴潮、火山爆发引起的火山海啸、海底滑坡引起的滑坡海啸和海底地震引起的地震海啸。

海啸的危害

海啸袭来时，以摧枯拉朽之势，越过海岸线，越过田野，迅猛地袭击着岸边的城市和村庄，瞬时人们都会消失在巨浪中。港口所有的设施、建筑物，在狂涛的洗劫下也会被席卷一空。事后，海滩上一片狼藉，到处都是残骸。

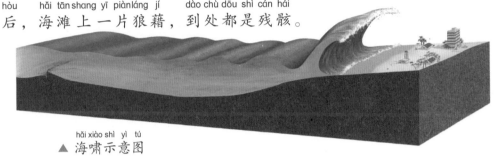

▲ 海啸示意图

损失最为惨重的海啸

2004 年 12 月 26 日，印度尼西亚苏门答腊岛发生地震，地震引发的大规模海啸导致约 30 万人死亡，这是世界近 200 多年来死伤最为惨重的海啸灾难。

▼ 海啸发生时的情景

小知识

在太平洋，海啸的传播时速一般为两三百千米到 1000 多千米。

地球财富

地球是人类的美丽家园，她如同一位慷慨的母亲将自己的所有都奉献了出来，丰富的生物资源、珍贵的水资源和矿物资源，还有煤、石油、天然气等重要能源，都是在经历了亿万年的积淀后才形成的。

水资源

水是人类生存与发展不可缺少的重要自然资源，也是世界上分布最广，数量最大的资源，但是在地球上，能够真正被人类利用的水却很少，它们只存在于江河湖泊以及地下水中，而且水资源的分布也很不均衡。

重要的水资源

水是自然资源的重要组成部分，是所有生物的结构组成和生命活动的主要物质基础。从全球范围讲，水还是连接所有生态系统的纽带，因此在自然环境中，水对于生物和人类的生存来说具有决定性的意义。

有限的淡水

人类可以直接利用的淡水只有地下水、湖泊淡水和河床水，三者总和约占地球总水量的0.77%。目前，人类对淡水资源的用量愈来愈大，除去不能开采的深层地下水，人类实际能够利用的水只占地球上总水量的0.26%左右。

▲ 淡水

▲ 加拿大是淡水资源比较丰富的国家

分布不均

地球上的淡水不仅非常有限，而且地区分布极不均衡，巴西、俄罗斯、加拿大、中国、美国等9个国家的淡水资源占了世界淡水资源总量的60%，而占世界人口总量40%的80多个国家水资源匮乏。

水能资源

水不但是珍贵的资源，也是重要的能源，水力发电就是对水能资源的利用。水力发电不仅干净、安全、环保、经济实惠，还能解决防洪、灌溉、航运等各种水利问题。我国的三峡水电站、巴西和巴拉圭之间的伊泰普水电站、尼罗河上的阿斯旺水电站等都非常著名。

▼ 阿斯旺水电站

小知识

卡塔尔、科威特、利比亚、马尔他是世界上四大缺水国。

生物资源

生物资源包括动植物资源和微生物资源等。它在人类的生活中占有十分重要的地位，人类的一切需要如衣、食、住、行等都离不开它们。另外，生物资源还是维持自然生态系统稳定的重要因素。

▲ 落基山国家公园里生活的麋鹿

分布广泛

自然界中存在的生物种类繁多、形态各异、结构千差万别，而且它们的分布极其广泛，对环境的适应能力强，如平原、丘陵、高山、高原、草原、荒漠、淡水、海洋等都有生物的踪迹。

重要的生物资源

生物资源是农业生产的主要经营对象，并能为工业、医药、交通等部门提供原材料和能源。另外，它还可以被运用到基因工程中或者将野生动植物的提取物用于生物制药。

fēn lèi
分类

　　shēng wù zī yuán bāo kuò dòng wù zī yuán　zhí wù zī yuán hé wēi shēng wù zī yuán sān dà lèi　qí
　　生物资源包括动物资源、植物资源和微生物资源三大类，其

zhōng dòng wù zī yuán bāo kuò lù qī yě shēng dòng wù zī yuán　nèi lù yú yè zī yuán hé hǎi yáng dòng wù
中动物资源包括陆栖野生动物资源、内陆渔业资源和海洋动物

zī yuán　zhí wù zī yuán bāo kuò sēn lín zī yuán　cǎo dì zī yuán　yě shēng zhí wù zī yuán hé hǎi yáng
资源。植物资源包括森林资源、草地资源、野生植物资源和海洋

zhí wù zī yuán　wēi shēng wù zī yuán bāo kuò xì jūn zī yuán　zhēn jūn zī yuán děng
植物资源，微生物资源包括细菌资源、真菌资源等。

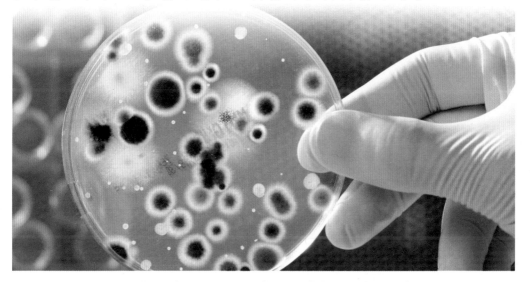

rén lèi tōng guò duì wēi shēng wù de yán jiū kě yǐ zào fú rén lèi shēng huó
▲ 人类通过对微生物的研究可以造福人类生活

bǎo hù shēng wù zī yuán
保护生物资源

jìn dài gōng yè gé mìng yǐ lái　　rén lèi huó dòng de pín fán hé
近代工业革命以来，人类活动的频繁和

duì zì rán jiè de bù hé lǐ kāi fā dǎo zhì dì qiú de shēng tài píng héng
对自然界的不合理开发导致地球的生态平衡

zāo dào pò huài　yán jiū xiǎn shì　xiàn zài měi nián dà yuē yǒu　wàn gè
遭到破坏。研究显示，现在每年大约有1万个

wù zhǒng xiāo shī　rú guǒ bù cǎi qǔ cuò shī　zhè yě jiāng wēi xié dào
物种消失，如果不采取措施，这也将威胁到

rén lèi de shēng cún　yīn cǐ　wǒ men bì xū bǎo hù shēng wù zī yuán
人类的生存。因此，我们必须保护生物资源。

矿物资源
kuàng wù zī yuán

矿物是地壳中的化学元素在各种地质作用下形成的自然产物，它具有一定的化学成分、物理化学性质以及比较均一的内部结构。在地壳中矿物的分布很广泛，如沙中的金，盐湖中的盐，花岗岩中的石英、云母等，都是矿物。

矿物的分类
kuàng wù de fēn lèi

从矿物的分类和矿物成分来看，矿物分成单质和化合物两种。单质是由一种元素组成的矿物，如金刚石成分是碳。化合物则是由阴阳离子组成的，如铁矿、铝矿等。

工业冶金
gōng yè yě jīn

我们可以从矿物中提取有用元素，冶炼成各种工业需要的金属。其中，最重要的是从磁铁矿、赤铁矿中提取铁；从方铅矿中提取铅；从黄铜矿、斑铜矿中提取铜；从铬铁矿中提取铬等。

保护矿物资源

▲ 铁矿

矿物资源是非可再生资源，所以我们要对其合理的开发和利用，限制或禁止不合理的乱采滥挖，防止矿产资源的损失，浪费或破坏。同时，在开发利用中尽量减小对环境的污染和破坏，保护矿区生态环境。

化工和农业方面

萤石是重要的化工原料，它可提取制成氢氟酸，黄铁矿可制成硫酸等。在农业方面，矿物可以作为农业增产的肥料，除了一些合成肥料外，钾盐作为钾肥，磷灰石作为磷肥的来源。

小知识

在矿物资源中，最软的矿物是滑石，最硬的矿物是金刚石。

▼ 施肥机

147

稀奇的宝石

宝石是岩石中最美丽而贵重的种类，它们颜色鲜艳、质地晶莹、坚硬耐久，而且富有光泽，可以用来制作首饰和工艺品。著名的宝石有金刚石、红宝石、蓝宝石、玛瑙、玉石等。此外，珍珠、珊瑚等也属于宝石。

金刚石

▲ 金刚石

金刚石居世界五大珍贵高档宝石之首，素有"宝石之王"的美誉。

金刚石还是唯一由单一元素组成的宝石，它的化学成分是碳。

水晶

水晶的外观清亮、透彻，是一种常见的宝石。根据颜色、包裹体及工艺特性可分为：水晶、紫晶、黄水晶、蔷薇水晶、水胆水晶、星光水晶、砂晶等。

▲ 紫水晶

hóngbǎo shí
红宝石

红宝石的矿物名称为刚玉，在光线的照射下会反射出迷人的星光，除了颜色，红宝石的昂贵程度也是首屈一指的。

古代国王的王冠上常可以看到红宝石，它是王权的象征。

mǎ nǎo
玛瑙

玛瑙是自然界中分布较广、质地坚韧、色泽艳丽、文饰美观的玉石之一，玛瑙的用途非常广泛，它可以作为药用、宝石、玉器、首饰、工艺品材料、研磨工具、仪表轴承等。

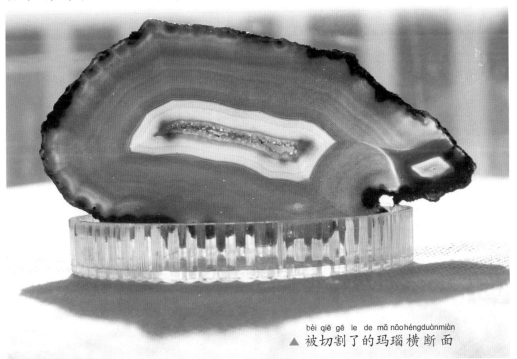

▲ 被切割了的玛瑙横断面

珍贵的煤
zhēn guì de méi

煤炭是一种固体化石燃料，它是古代植物死亡后埋在地下，长时间受到细菌的生物作用及在地质的高温高压影响下最终形成的。煤炭既是动力燃料，又是化工和制焦、炼铁的原料，素有"工业粮食""黑色的金子"之称。

煤炭的分类

由于地质条件和进化程度不同，形成的煤炭含碳量不同，因而发热量也就不同。按发热量大小顺序可将煤炭分为无烟煤、烟煤和褐煤等。褐煤是最低级的煤，无烟煤的含碳量最高，是最高级的煤。

煤炭的分布

在世界范围内，煤炭在北半球分布多，南半球少。就中国而言，则是北方多（尤其华北、西北多），南方少（尤其东南沿海少）。全球 8 个储量最大的国家依次为美国、俄罗斯、中国、澳大利亚、印度、德国、南非和波兰。

广泛的用途

煤炭的用途十分广泛，它可以用来发电，燃煤热能能转化为电能进行长途运输。煤燃烧残留的煤矸石和灰渣可作建筑材料；煤还是重要的化工材料，可用来炼焦、高温干馏制煤气；煤还用于制造合成氨原料；低灰、低硫和可磨性好的品种还可以制造多种碳素材料。

▼ 燃煤电厂

重要的石油

石油常被人们称为"工业的血液"，它是由古代海洋或湖泊中的生物经过高温高压作用以及复杂的生物、化学作用而形成的。我们生活中常见的汽油、煤油、柴油等都是从石油中炼制、分离、加工出来的。

石油分布

波斯湾及墨西哥湾两大油区和北非油田集中了世界石油51.3%的储量，此外，著名的油田还有北海油田、俄罗斯伏尔加及西伯利亚油田和阿拉斯加湾油区。

▼ 石油钻井

"世界油库"

波斯湾地区地处欧、亚、非三洲的枢纽位置，这里的油田数目多，储量大，油井产量高，油层埋藏深度适中。加上便利的运输条件，石油生产成本低，油气开发效益极高，潜力巨大，被誉为"世界油库"。

小知识

沙特阿拉伯已探明的石油储量居世界首位。

化工原料

石油化工厂利用石油产品可加工出5000多种重要的有机合成原料。如色泽美观经久耐用的涤纶、腈纶等合成纤维；能与天然橡胶相媲美的合成橡胶；洗衣粉、人造皮革等都是由石油产品加工而成的。

海底也有石油

海底的地层里蕴藏着丰富的石油，为了获得这些宝贵的资源，人们先用钻油机械装置往地层深处钻洞，再将石油抽到海洋表面，装入大油轮，或通过海底输油管，运送到岸上的炼油厂。

▼ 海底石油开采

tiān rán qì
天然气

tiān rán qì shì yī zhǒng qì tǐ de rán liào   tā shì gǔ dài shēng wù de yí tǐ cháng qī chén jī
天然气是一种气体的燃料，它是古代生物的遗体长期沉积

dì xià   jīng guòzhuǎnhuà hé biàn zhì ér chǎnshēng de   zhǔ yàochéngfèn shì jiǎ wán   zài suǒ yǒu de
地下，经过转化和变质而产生的，主要成分是甲烷。在所有的

huà shí rán liàozhōng   tiān rán qì shì zuì gān jìng de néngyuán   suí zhe rén men huán bǎo yì shí de tí
化石燃料中，天然气是最干净的能源，随着人们环保意识的提

gāo   rén men duì tiān rán qì de xū qiú bù duànzēng jiā
高，人们对天然气的需求不断增加。

tiān rán qì de yōu shì
天然气的优势

tiān rán qì yǒu zhe wū rǎn xiǎo   rè zhí gāo de tè diǎn   tā rán shāohòu suǒchǎnshēng de wēn shì
天然气有着污染小、热值高的特点，它燃烧后所产生的温室

qì tǐ zhǐ yǒuméi tàn de   shí yóu de   duì huánjìng zàochéng de wū rǎn yuǎnyuǎnxiǎo yú shí
气体只有煤炭的 1/2，石油的 2/3，对环境造成的污染远远小于石

yóu hé méi tàn   tiān rán qì yǐ ān quán   rè zhí gāo   jié jìngděngyōu shì bèi yuè lái yuè duō de rén
油和煤炭。天然气以安全、热值高、洁净等优势被越来越多的人

zhòng shì
重视。

tiān rán qì guǎndào
▲ 天燃气管道

小知识

wǒ guó zǎo zài qín hàn
我国早在秦汉
shí dài jiù yǐ fā xiàn le tiān
时代就已发现了天
rán qì   ér qiě kāi shǐ fā
然气，而且开始发
jué hé lì yòngtiān rán qì
掘和利用天然气。

用途广
yòng tú guǎng

天然气的应用领域也非常
tiān rán qì de yìng yòng lǐng yù yě fēi cháng

广泛，它不仅可以作为居民生
guǎng fàn　tā bù jǐn kě yǐ zuò wéi jū mín shēng

活用燃气，而且还可用来发电，
huó yòng rán qì　ér qiě hái kě yòng lái fā diàn

能缓解能源紧缺、降低燃煤发电
néng huǎn jiě néng yuán jǐn quē　jiàng dī rán méi fā diàn

比例，从而减少环境污染。天然
bǐ lì　cóng ér jiǎn shǎo huán jìng wū rǎn　tiān rán

气也是制造氮肥的最佳和最主要
qì yě shì zhì zào dàn féi de zuì jiā hé zuì zhǔ yào

的原料，还可代替汽车用油。
de yuán liào　hái kě dài tì qì chē yòng yóu

▲ 天然气灶
tiān rán qì zào

▲ 海上天然气、石油的开采
hǎi shàng tiān rán qì　shí yóu de kāi cǎi

石油的好伙伴
shí yóu de hǎo huǒ bàn

天然气的形成方式和石油
tiān rán qì de xíng chéng fāng shì hé shí yóu

类似，因此，天然气往往与石
lèi sì　yīn cǐ　tiān rán qì wǎng wǎng yǔ shí

油"共处一室"，当地质人员
yóu　gòng chù yī shì　dāng dì zhì rén yuán

在寻找石油的时候，如果发现
zài xún zhǎo shí yóu de shí hòu　rú guǒ fā xiàn

了天然气矿藏，那么也会在附
le tiān rán qì kuàng cáng　nà me yě huì zài fù

近找到石油。
jìn zhǎo dào shí yóu

运输方法
yùn shū fāng fǎ

很早以前，人们运输天然气的方法是，先给天然气降温，使
hěn zǎo yǐ qián　rén men yùn shū tiān rán qì de fāng fǎ shì　xiān gěi tiān rán qì jiàng wēn　shǐ

天然气液化，然后装在特制的容器里。现在，人们利用管道可以
tiān rán qì yè huà　rán hòu zhuāng zài tè zhì de róng qì lǐ　xiàn zài　rén men lì yòng guǎn dào kě yǐ

直接把天然气从产地输送到千家万户。
zhí jiē bǎ tiān rán qì cóng chǎn dì shū sòng dào qiān jiā wàn hù

其他的能源
qí tā de néng yuán

在自然界中，除煤炭、石油、天然气外，还存在许多能源，如太阳能、核能源、海洋能源、生物能源等。能源是人类活动的物质基础，而且人类社会的发展也离不开先进能源技术的使用。

地热
dì rè

地热是地球内部存在的一种巨大的热量，它会以温泉、火山爆发等形式释放出来。我们常见的地热能是温泉和间歇泉，此外，地热能还可以用来发电。我国的羊八井发电站就是利用地热来发电的。

▲ 冰岛地热
bīng dǎo dì rè

小知识

广东省深圳市的大亚湾核电站是我国最大的核电站。

156

太阳能
tài yángnéng

太阳能是来自太阳的能量，它以
电磁辐射的形式传播。除了能直接利
用太阳的光和热以外，太阳能还可以
被转化为电能，用作驱动汽车的动力。
太阳能是能源中为数不多的可持续、
无污染的能源之一。

▲ 人们对太阳能的利用

风能
fēngnéng

地球表面空气流动所产生的动能
就是风能。据估算，全世界的风能总量
约1300亿千瓦。风能资源受地形的影响
较大，世界风能资源多集中在沿海和开
阔大陆的收缩地带。

◀ 风力发电站是对风能的利用

核能
hé néng

核能是原子核裂变或聚变时释放出来的能量，所以也叫原子
能。核能被广泛应用于工业、军事等领域。1945年，美国试爆了
世界上第一颗原子弹。

bǎo hù dì qiú huán jìng
保护地球环境

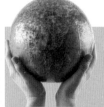

地球是人类赖以生存的家园，然而，随着社会经济的发展，出现了许多的环境问题，资源在不断地消耗，环境污染日益加剧，人类的生存面临前所未有的威胁，因此保护地球环境成为每个人刻不容缓的任务。

jié yuē yòng shuǐ
节约用水

节约用水对于我们的日常生产与生活，以及工农业的生产都至关重要。我们要合理用水，提高水的利用率，避免水资源的浪费。如养成良好的用水习惯、使用节水器具、收集雨水等。

▲ 节约资源，应随手关水龙头。

fèi wù zài lì yòng
废物再利用

小知识

每年的4月22日是"世界地球日"，6月5日是"世界环境日"。

地球上的各种资源正在不断消耗，它们总有耗损殆尽的一天，因此人类在开发新能源的同时，还应做到变废为宝，将有些资源进行二次利用等。

植树造林

森林是地球生态系统的重要组成部分，被誉为大自然的"调度师"，它具有防风固沙、保持水土、调节气候等重要的作用。所以，植树造林是改善地球环境的重要方法。

◀ 植树造林可以保持生态系统各要素的平衡

强化环保意识

我们必须树立和加强保护环境的意识，时时刻刻注意节约能源、资源，减少污染，从身边的小事做起，为保护地球环境贡献出自己的一份力量。